LADNER ELEMENTARY SCHOOL
5016 - 44 AVENUE
DELTA, B.C.   V4K 1C1

Ce livre reprend des épisodes de la série animée *1 jour 1 question*,
une coproduction Milan et France Télévisions.
Les textes des bandes dessinées ont été écrits
par les journalistes de la rédaction *1 jour 1 actu*.
Textes des pages repères et suivi éditorial : Sophie Dussaussois.
Infographies des pages repères : Olivier Huette.

**Réalisation et dessin** : Jacques Azam.

**Pour Milan Presse**
Production déléguée et exécutive : Marie-Anne Denis,
Pascal Ruffenach.
Direction d'écriture : Pascal Ruffenach.
Coordination d'écriture : Malicia Mai-Van-Can.
Chef du studio de production numérique : Axel Planté-Bordeneuve.
Chargées de production : Séverine Vergine, Anne Laboulay,
Camille Touaty.
Remerciements : Agnès Barber (rédactrice en chef d'*1 jour 1 actu*),
Corinne Destombes.

**Pour francetv éducation** : Amel Cogard, Pauline Jacob.

**Pour France 4**
Programme : Tiphaine de Raguenel, Christine Reinaudo.
Production : Carole Jumel, Patricia Poquet.

© 2017 éditions Milan,
1, rond-point du Général-Eisenhower, 31101 Toulouse Cedex 9, France.
Droits de traduction et de reproduction réservés
pour tous les pays. Toute reproduction, même partielle,
de cet ouvrage est interdite. Loi 49.956 du 16 juillet 1949
sur les publications destinées à la jeunesse.
ISBN : 978-2-7459-9241-3.
Dépôt légal : 1er trimestre 2018.
Imprimé en France par Pollina - 83783.

JACQUES AZAM

# C'EST QUOI, L'ÉCOLOGIE ?

MiLAN

# SOMMAIRE

## INTRODUCTION 6
REPÈRES : UNE PRISE DE CONSCIENCE

## CHAPITRE 1 8
## LA BIODIVERSITÉ

**REPÈRES : LA BIODIVERSITÉ**

**REPÈRES : LES GRANDS ÉCOSYSTÈMES**

C'EST QUOI, LA BIODIVERSITÉ ? Axel Planté-Bordeneuve.. 10

C'ÉTAIT QUI, DARWIN ? Axel Planté-Bordeneuve ............ 13

C'EST QUOI, LA GRANDE BARRIÈRE DE CORAIL ?
Laurence Muguet ........................................................ 17

POURQUOI ON A BESOIN DES ABEILLES ?
Catherine Ganet ......................................................... 20

POURQUOI CERTAINS SONT CONTRE LES LOUPS
EN FRANCE ? Annabelle Fati ..................................... 23

IL Y A ENCORE DES OURS EN FRANCE ?
Axel Planté-Bordeneuve ............................................ 26

## CHAPITRE 2 30
## LES DIFFÉRENTES POLLUTIONS

**REPÈRES : LA POLLUTION, C'EST QUOI ?**

**REPÈRES : LES ESPÈCES MENACÉES**

C'EST QUOI, UNE ESPÈCE MENACÉE ? Marie Révillion........ 34

POURQUOI IL Y A DES JOURS PLUS POLLUÉS
QUE D'AUTRES ? Axel Planté-Bordeneuve ..................... 37

POURQUOI LA CHINE EST AUSSI POLLUÉE ?
Frédéric Fontaine ....................................................... 40

C'EST QUOI, UNE CENTRALE NUCLÉAIRE ?
Catherine Ganet ......................................................... 43

IL S'EST PASSÉ QUOI À FUKUSHIMA ? Agnès Barber ...... 46

C'EST QUOI, LE SEPTIÈME CONTINENT ? Agnès Cathala ... 50

POURQUOI LES PESTICIDES SONT DANGEREUX
POUR LA SANTÉ ? Laurence Muguet ........................... 53

C'EST QUOI, LE GASPILLAGE ALIMENTAIRE ?
Nathalie Michel .......................................................... 56

C'EST QUOI, LE BISPHÉNOL A ? Axel Planté-Bordeneuve.. 59

## CHAPITRE 3 — 62
## LES GRANDS DÉFIS POUR LA PLANÈTE

### REPÈRES : LE RÉCHAUFFEMENT CLIMATIQUE

C'EST QUOI, LE CHANGEMENT CLIMATIQUE ?
Axel Planté-Bordeneuve .......................................... 64

PAS PLUS DE 2 °C : IL VIENT D'OÙ, CET OBJECTIF
POUR LE CLIMAT ? Laurence Muguet ........................ 67

POURQUOI IL FAUT PROTÉGER LES OCÉANS ?
Axel Planté-Bordeneuve .......................................... 70

C'EST QUOI, UN RÉFUGIÉ CLIMATIQUE ?
Frédéric Fontaine ................................................... 73

C'EST QUOI, LA COUCHE D'OZONE ? Marie Révillion ........ 76

C'EST QUOI, LE GAZ DE SCHISTE ?
Axel Planté-Bordeneuve .......................................... 79

POURQUOI ON DOIT FAIRE ATTENTION
À CE QU'ON MANGE ? Axel Planté-Bordeneuve ............. 82

C'EST QUOI, LE BIO ? Agnès Barber ........................... 85

C'EST QUOI, UN OGM ? Axel Planté-Bordeneuve ............ 88

## CHAPITRE 4 — 92
## LES SOLUTIONS POUR LA PLANÈTE

### REPÈRES : LE DÉVELOPPEMENT DURABLE

C'EST QUOI, UN ÉCOLOGISTE ? Isabelle Pouyllau ............ 94

POURQUOI IL FAUT ÉCONOMISER L'EAU ? Marie Révillion .. 96

POURQUOI IL FAUT RÉDUIRE LES DÉCHETS ?
Axel Planté-Bordeneuve .......................................... 99

C'EST QUOI, LE CHANGEMENT D'HEURE ?
Axel Planté-Bordeneuve .......................................... 102

C'EST QUOI, UNE ÉNERGIE DURABLE ?
Axel Planté-Bordeneuve .......................................... 105

COMMENT SE DÉPLACER SANS POLLUER ?
Isabelle Pouyllau ................................................... 108

ELLE RESSEMBLERA À QUOI, LA VOITURE DE DEMAIN ?
Catherine Ganet ................................................... 111

POURQUOI ON NE DONNE PLUS DE SACS PLASTIQUE
À LA CAISSE ? Nathalie Michel ................................. 114

C'EST QUOI, LA CONFÉRENCE INTERNATIONALE DES JEUNES
POUR LE CLIMAT ? Axel Planté-Bordeneuve ................ 117

## LES MOTS DE L'ÉCOLOGIE — 120

# INTRODUCTION

## L'ÉCOLOGIE, QUÈSACO ?

*Écologie* vient de deux mots d'origine grecque.

**ÉCO** (maison, habitat) **+** **LOGIE** (science) **=** La science qui étudie les relations entre tous les êtres vivants et les milieux dans lesquels ils vivent.

## UNE PRISE DE CONSCIENCE

Dans les années 1970, le monde prend conscience des problèmes écologiques. Les scientifiques commencent à alerter sur la montée des températures : notre planète, la Terre, se réchauffe. Les activités humaines, agricoles et industrielles, la polluent. Aujourd'hui, il existe de multiples associations et partis politiques qui agissent pour le climat et l'écologie en général.

## LA NOTION DE CYCLE

En écologie, il faut comprendre la notion de cycle naturel : celui de l'eau, des saisons, de la chaîne alimentaire... Tout communique avec tout. Dans la nature, tout est lié.

Et, si les hommes modifient trop ces cycles, c'est toute la vie sur Terre qui est perturbée.

# CHARLES DARWIN

AU XIXᵉ SIÈCLE, CHARLES DARWIN, UN NATURALISTE ANGLAIS, ÉCRIT UN LIVRE, *L'ORIGINE DES ESPÈCES*, QUI VA MODIFIER LE REGARD DE L'HOMME SUR LA NATURE.

Avant Darwin, on pensait que les espèces avaient été créées une fois pour toutes.

Darwin explique au contraire qu'elles évoluent et s'adaptent progressivement à leur milieu naturel. Elles se modifient au fil du temps pour ne pas disparaître. Seules les plus adaptées survivent selon le principe de la sélection naturelle.

# LE CYCLE DE L'EAU

1. L'eau, chauffée par le soleil, s'évapore de la surface des mers et des rivières.

2. Les plantes rejettent de la vapeur d'eau dans l'air.

3. Les nuages contiennent de l'eau (celle qui s'est évaporée dans l'air).

4. Le vent déplace les nuages.

5. Les nuages déversent la pluie.

6. La pluie s'infiltre dans les sols.

7. La pluie ruisselle et forme des ruisseaux, des rivières, des fleuves...

8. Les fleuves se jettent dans les mers et les océans.

OCÉAN

## CHAPITRE 1
# LA BIODIVERSITÉ

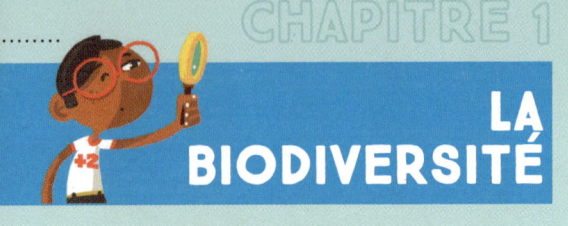

EN GREC ANCIEN, *BIOS* SIGNIFIE LA « VIE ». LA BIODIVERSITÉ, C'EST LA DIVERSITÉ DE LA VIE. C'EST L'ENSEMBLE DES ESPÈCES VIVANT DANS UN LIEU DONNÉ.

**1,9 MILLION** d'espèces de plantes et d'animaux connues, décrites et répertoriées

**10 À 100 MILLIONS** d'espèces à découvrir

## LE CLASSEMENT DES ESPÈCES

Pour classer les espèces, les scientifiques les regroupent par règnes.

**LES BACTÉRIES**
Êtres vivants microscopiques. On en connaît 4 000 environ.

**LES CHAMPIGNONS**
Ils constituent un groupe différent des végétaux. On en connaît 70 000 espèces.

**LES ANIMAUX**
Ce sont les plus difficiles à classer. Ils sont répertoriés en plusieurs groupes, et représentent plus d'un million d'espèces connues.

**LES VÉGÉTAUX**
Algues, mousses, fougères... On en compte 250 000.

**LES PROTISTES**
Êtres vivants qui mesurent moins d'un millimètre. Certains se rapprochent du règne végétal, et d'autres du règne animal.

### LES PRINCIPAUX

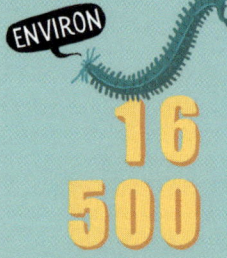

**LES ANNÉLIDES** — ENVIRON 16 500 ESPÈCES

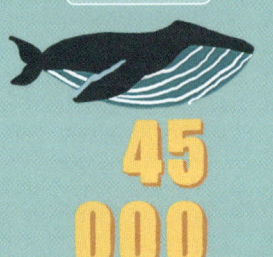

**LES VERTÉBRÉS** — 45 000 ESPÈCES

**LES MOLLUSQUES** — ENVIRON 100 000 ESPÈCES

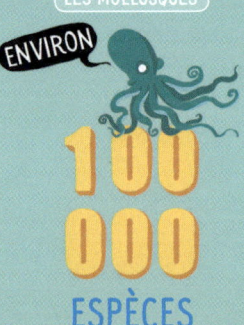

**LES ARTHROPODES** — + DE... 1 000 000 d'ESPÈCES

# LA CHAÎNE ALIMENTAIRE

Pour vivre et grandir, chaque espèce doit se nourrir d'une autre espèce. C'est la « chaîne alimentaire ». Et, quand un maillon manque, c'est toute la chaîne qui est menacée.

LES VÉGÉTAUX — NOURRISSENT → LES HERBIVORES — NOURRISSENT → LES CARNIVORES PRIMAIRES — NOURRISSENT → LES CARNIVORES SECONDAIRES

PRODUISENT → LES DÉCHETS VÉGÉTAUX ET ANIMAUX ← PRODUISENT

NOURRISSENT → LES DÉCOMPOSEURS — PRODUISENT → L'HUMUS — NOURRIT → LES VÉGÉTAUX

## CHAPITRE 1

# LES GRANDS ÉCOSYSTÈMES
### PARTOUT SUR TERRE

FORÊTS, OCÉANS, DÉSERTS... SONT DES ÉCOSYSTÈMES DIFFÉRENTS. CHACUN A SON MODE DE FONCTIONNEMENT ET SES HABITANTS : PLANTES ET ANIMAUX, QUI VIVENT EN INTERDÉPENDANCE.

## LES PRAIRIES

Les prairies abritent de nombreuses espèces.

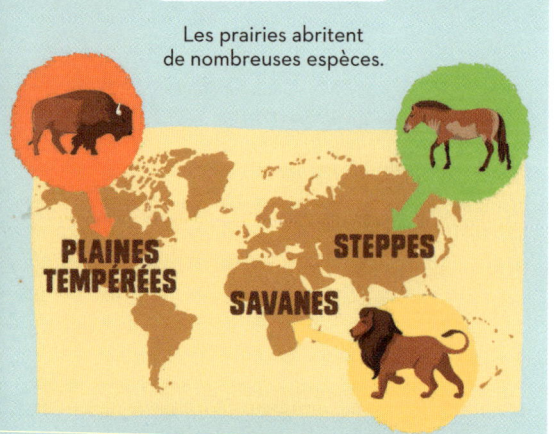

PLAINES TEMPÉRÉES — STEPPES — SAVANES

Elles sont menacées par le développement des villes et des cultures agricoles.

PLAINES TEMPÉRÉES — SAVANES — STEPPES

## LES DÉSERTS

Dans les déserts, la vie est particulièrement difficile.

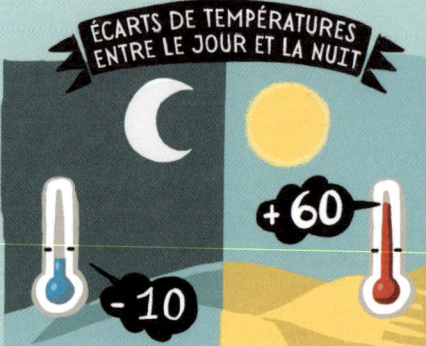

**GRANDE SÉCHERESSE**

**ÉCARTS DE TEMPÉRATURES ENTRE LE JOUR ET LA NUIT**

+60 / -10

**BIODIVERSITÉ RARE**

## LES ZONES HUMIDES D'EAU DOUCE

Les lacs, fleuves, rivières, étangs... abritent 40 % des espèces de poissons, et de nombreux oiseaux et amphibiens.

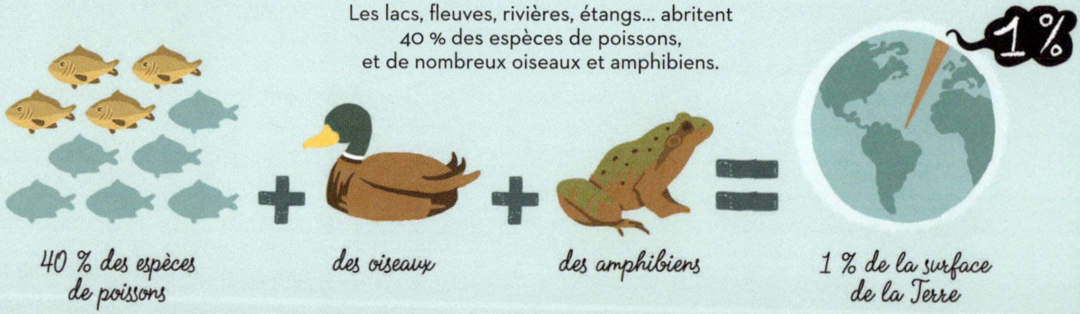

40 % des espèces de poissons + des oiseaux + des amphibiens = 1 % de la surface de la Terre

## LES FORÊTS

Elles recouvrent 30 % des terres sur toute la planète et piègent les émissions de $CO_2$, dangereuses pour le climat.

**RÉSERVOIR DE BIODIVERSITÉ**

Des millions d'insectes, d'oiseaux, de mammifères, d'arbres et de plantes...

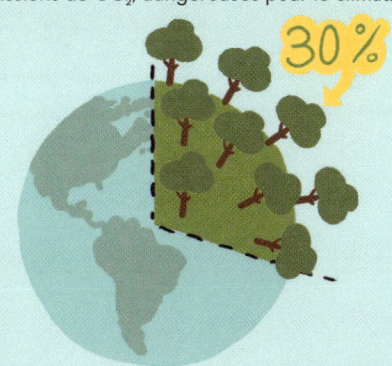

30%

LUMIÈRE

PIÈGE LE $CO_2$ — REJETTE DE L'$O_2$

## LES VILLES

Les villes ne sont pas un écosystème comme les autres. Elles ont été entièrement créées par les hommes.

**DE + EN + NOMBREUSES**

**DE + EN + PEUPLÉES**

Plantes

Animaux domestiques

Animaux sauvages

## LES OCÉANS

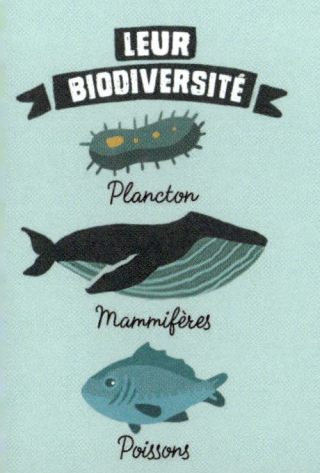

**LEUR BIODIVERSITÉ**

Plancton

Mammifères

Poissons

70%

**LES MENACES**

Marées noires

Sacs plastique

# C'EST QUOI, LA BIODIVERSITÉ ❓❓❓

LA BIODIVERSITÉ, C'EST TOUT CE QUI FAIT QUE LA NATURE EST SURPRENANTE, VARIÉE ET CRÉATIVE !

ON PEUT PARLER DE BIODIVERSITÉ DANS UNE ESPÈCE : PAR EXEMPLE, IL Y A PLEIN DE SORTES DE CHATS, DE TAILLES ET DE COULEURS DIFFÉRENTES.

OU DANS UN LIEU OÙ VIVENT PLUSIEURS ESPÈCES. PLUS IL Y A D'ESPÈCES QUI Y VIVENT, PLUS LA BIODIVERSITÉ Y EST GRANDE.

MAIS ON PEUT AUSSI PARLER DE LA BIODIVERSITÉ AU NIVEAU DE LA PLANÈTE. ON PARLE ALORS DES DIFFÉRENTS MILIEUX DE VIE, COMME LA FORÊT, LE DÉSERT, L'OCÉAN…
EN FAIT, LA BIODIVERSITÉ, C'EST L'OPPOSÉ D'UNE NATURE OÙ TOUT SERAIT IDENTIQUE ET RÉPÉTÉ.
NON
MAIS POURQUOI C'EST IMPORTANT, LA BIODIVERSITÉ ?
PARCE QUE, PLUS LA NATURE EST VARIÉE, ORIGINALE ET DIFFÉRENTE, PLUS ELLE EST RÉSISTANTE.
ON EST LES PLUS FORTS
PAR EXEMPLE, IMAGINONS QUE DANS LE FUTUR ON N'AIT PLUS QUE DES VACHES MARRON SUR TERRE.
PAS DE JALOUSE
ET S'IL APPARAÎT UNE MALADIE QUI NE S'ATTAQUE QU'AUX VACHES MARRON ? PAF, PLUS DE VACHES !

ALORS QUE, SI ON AVAIT PRÉSERVÉ UNE VARIÉTÉ DE VACHES PLUS LARGE, ON AURAIT TOUJOURS DES VACHES.

ACTUELLEMENT, ON N'EN EST PAS ENCORE LÀ ! MAIS ATTENTION : PEU À PEU, L'HOMME MODIFIE LA NATURE ET RÉDUIT LA BIODIVERSITÉ.

ON RASE DES FORÊTS, ON UTILISE DES PRODUITS QUI TUENT EN MASSE CERTAINS INSECTES… ON FAIT LE TRI DANS LA NATURE.

ET, ÇA, CE N'EST PAS SOUHAITABLE, CAR ON RISQUE AINSI DE SUPPRIMER DES TRÉSORS CACHÉS DE LA NATURE.

**POUR EN SAVOIR PLUS**

- C'était qui, Darwin ? p. 13
- C'est quoi, une espèce menacée ? p. 34

# C'était qui, Darwin ???

CHARLES DARWIN EST UN SCIENTIFIQUE ANGLAIS NÉ EN 1809 QUI A RÉVOLUTIONNÉ NOTRE VISION DE LA VIE SUR TERRE.

CHARLES DARWIN

COMMENT ? GRÂCE À UN LIVRE, *L'ORIGINE DES ESPÈCES*, QUI DÉCRIT LA « SÉLECTION NATURELLE », UN PHÉNOMÈNE QUI EXPLIQUE LA DIVERSITÉ DES FORMES DE VIE SUR TERRE.

MAIS C'EST QUOI, LA SÉLECTION NATURELLE ?

DARWIN ÉTAIT UN GRAND VOYAGEUR : PENDANT 5 ANS, IL A PARCOURU LE MONDE EN BATEAU ET A AINSI OBSERVÉ À QUEL POINT LES ÊTRES VIVANTS SONT DIFFÉRENTS.

DES ÎLES GALÁPAGOS À LA SAVANE AFRICAINE, DARWIN A OBSERVÉ LEURS LIEUX DE VIE ET LEURS BESOINS : MANGER, BOIRE, SURVIVRE ET SE REPRODUIRE.

ET IL A REMARQUÉ QUE CES BESOINS SONT À L'ORIGINE DE LA DIVERSITÉ DES ESPÈCES SUR TERRE.

LA BIODIVERSITÉ

À CHAQUE NAISSANCE, C'EST UN INDIVIDU UNIQUE QUI VOIT LE JOUR. AVEC DES CARACTÉRISTIQUES PROPRES COMME SA TAILLE, SA COULEUR OU AUTRE.

CES PARTICULARITÉS SE TRANSFORMENT EN AVANTAGES OU EN DÉFAUTS EN FONCTION DE LÀ OÙ IL VIT ET DE COMMENT IL VIT.

PAR EXEMPLE, LES GIRAFES. PLUS UNE GIRAFE EST GRANDE ET PLUS ELLE PEUT ATTEINDRE LE FEUILLAGE EN HAUT DES ARBRES, SA NOURRITURE.

SI LES GIRAFES SONT SI LONGILIGNES AUJOURD'HUI, C'EST PARCE QUE, SUR DES MILLIERS D'ANNÉES, LES PLUS GRANDES ONT ÉTÉ AVANTAGÉES.

BEL AVANTAGE

EN MANGEANT PLUS FACILEMENT, LES GRANDES GIRAFES, EN MEILLEURE SANTÉ, SE SONT DAVANTAGE REPRODUITES. LES PLUS PETITES, ELLES, ONT FINI PAR DISPARAÎTRE.

L'IDÉE DE LA SÉLECTION NATURELLE, C'EST QUE LES INDIVIDUS LES MIEUX ADAPTÉS À LEUR MILIEU DE VIE VONT PLUS FACILEMENT SE REPRODUIRE...

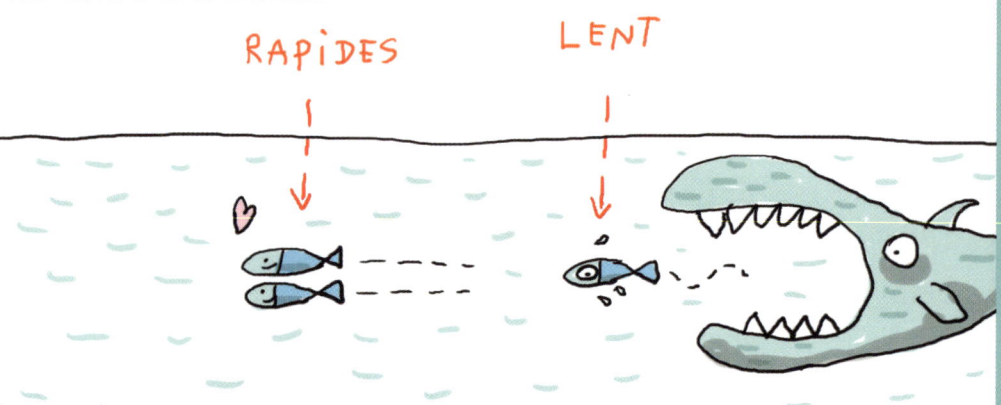

RAPIDES

LENT

... ET TRANSMETTRE LEURS ATOUTS À LEURS PETITS. AINSI, DE GÉNÉRATION EN GÉNÉRATION, L'ESPÈCE ÉVOLUE SOUS L'EFFET DE LA SÉLECTION NATURELLE. C'EST LA GRANDE DÉCOUVERTE DE DARWIN !

TU SERAS FORT ! COMME PAPA !

**POUR EN SAVOIR PLUS**
• C'est quoi, la biodiversité ? p. 10

# C'est quoi, la grande barrière de corail ❓❓❓

Dans les océans, au ras de l'eau, vit un minuscule animal en forme de tube, le corail.

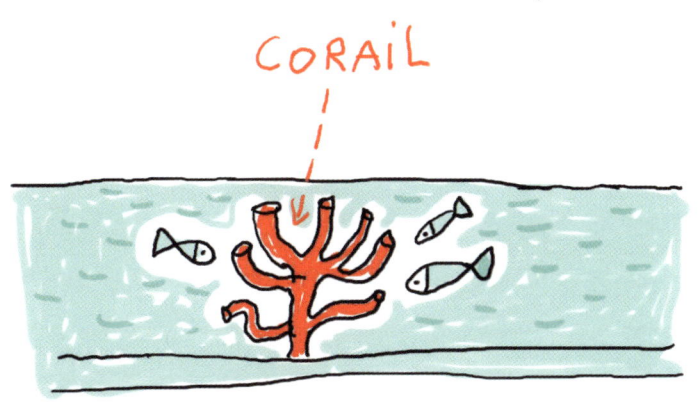

→ CORAIL

Les coraux se groupent par milliers, et leurs squelettes durs forment peu à peu un mur.

À l'est de l'Australie, dans l'océan Pacifique, ce mur est immense, deux fois plus long que la France ! C'est la Grande Barrière de corail.

AUSTRALIE — OCÉAN PACIFIQUE — GRANDE BARRIÈRE DE CORAIL

LA BIODIVERSITÉ

DEPUIS QUELQUES ANNÉES, LES CORAUX S'ABÎMENT. TOUT LE MONDE SE DEMANDE COMMENT L'AUSTRALIE VA SAUVER SA BARRIÈRE...

MAIS POURQUOI C'EST IMPORTANT DE PROTÉGER LA GRANDE BARRIÈRE DE CORAIL ?

D'ABORD, PARCE QU'ELLE EST TRÈS ANCIENNE. CERTAINES PARTIES DE LA BARRIÈRE ONT 18 MILLIONS D'ANNÉES : PLUS VIEUX QUE LES HOMMES PRÉHISTORIQUES !

ENSUITE, PARCE QU'ELLE ABRITE DES MILLIERS D'ANIMAUX DIFFÉRENTS. ON Y TROUVE 1 500 SORTES DE POISSONS, 4 000 ESPÈCES DE COQUILLAGES, DES BALEINES, DES TORTUES...

C'EST UTILE POUR LA PÊCHE, LES SCIENCES, ET ÇA FAVORISE LE TOURISME.

CEPENDANT, LES CORAUX SONT TRÈS FRAGILES : ILS ONT BESOIN D'UNE EAU PROPRE, CLAIRE, ENTRE 18 ET 30 °C.

ELLE EST SUPER-BONNE

PLUSIEURS DANGERS MENACENT LES CORAUX : LE RÉCHAUFFEMENT ET LA POLLUTION DES OCÉANS, LES CARGOS QUI TRAVERSENT LA BARRIÈRE... ET MÊME UNE ÉTOILE DE MER QUI LES MANGE.

DEPUIS 1975, L'AUSTRALIE A DONC CRÉÉ UN PARC NATUREL AUTOUR DE LA BARRIÈRE : DES LOIS EMPÊCHENT DE L'ABÎMER.

PARC NATUREL

STOP !

ET, EN 1981, L'UNESCO, UNE ORGANISATION DES NATIONS UNIES, A DÉCLARÉ LA GRANDE BARRIÈRE « PATRIMOINE MONDIAL DE L'HUMANITÉ ».

PATRIMOINE MONDIAL DE L'HUMANITÉ

PATRIMOINE EN PÉRIL

UNESCO

MAIS AUJOURD'HUI, SI L'AUSTRALIE NE RÉUSSIT PAS À PROTÉGER LA GRANDE BARRIÈRE DE CORAIL, L'UNESCO LA CLASSERA « PATRIMOINE EN PÉRIL » POUR ALERTER LE MONDE ENTIER.

# Pourquoi on a besoin des abeilles

Alerte, les abeilles sont en danger dans de nombreux endroits du monde ! En France, près de 3 colonies sur 10 disparaissent chaque année.

Leurs agresseurs sont multiples : les maladies, les prédateurs qui en raffolent...

MALADIES

FRELON

... ou encore les pesticides, des produits chimiques qui protègent les cultures et intoxiquent les abeilles !

MAIS POURQUOI C'EST GRAVE QUE LES ABEILLES DISPARAISSENT ?

D'ABORD, SANS ELLES, IL N'Y AURAIT PLUS DE MIEL.
MAIS... IL Y A PLUS IMPORTANT ENCORE.

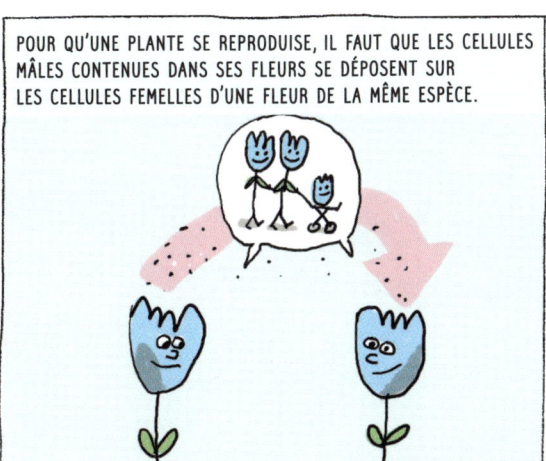

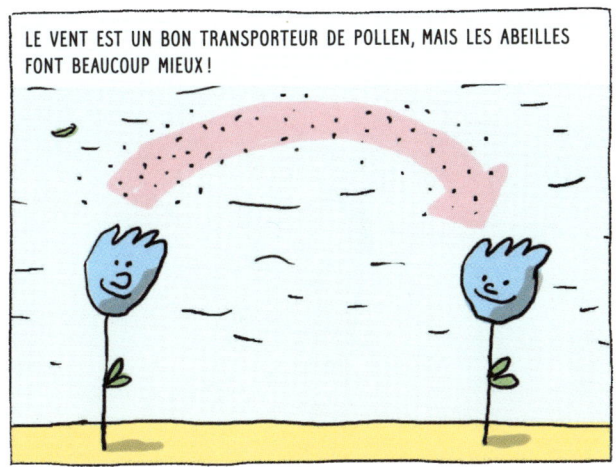

POUR QU'UNE PLANTE SE REPRODUISE, IL FAUT QUE LES CELLULES MÂLES CONTENUES DANS SES FLEURS SE DÉPOSENT SUR LES CELLULES FEMELLES D'UNE FLEUR DE LA MÊME ESPÈCE.

LES CELLULES MÂLES SE TROUVENT DANS UNE FINE POUDRE APPELÉE LE « POLLEN ».

POLLEN

LE VENT EST UN BON TRANSPORTEUR DE POLLEN, MAIS LES ABEILLES FONT BEAUCOUP MIEUX !

CAR, EN SE NOURRISSANT DU NECTAR DES FLEURS, ELLES SE COUVRENT INVOLONTAIREMENT DE POLLEN...

LA BIODIVERSITÉ

250 À L'HEURE

... QU'ELLES DISPERSENT ENSUITE DE FLEUR EN FLEUR. ET QUELLE EFFICACITÉ : UNE ABEILLE PEUT VISITER 250 FLEURS EN SEULEMENT UNE HEURE !

**POUR EN SAVOIR PLUS**
- C'est quoi, une espèce menacée ? p. 34
- Pourquoi les pesticides sont dangereux pour la santé ? p. 53

GRÂCE AUX ABEILLES, PRÈS DE 7 PLANTES À FLEURS SUR 10 PEUVENT AINSI SE REPRODUIRE...

... ET ASSURER DU MÊME COUP UNE LARGE PART DE L'ALIMENTATION HUMAINE. SAIS-TU EN EFFET QU'UN TIERS DE CE QUE NOUS MANGEONS DÉPEND DE LA POLLINISATION DES ABEILLES ?

C'EST GRÂCE À MOI

SANS ELLES, PAS DE TOMATES, CAROTTES, SALADES, MELONS, RADIS, FRAISES...

À L'ANNÉE PROCHAINE

TU L'AURAS COMPRIS, LES ABEILLES SONT ESSENTIELLES À LA VIE SUR TERRE. CAR, OUI, ON PEUT ÊTRE TOUT PETIT ET COMPLÈTEMENT INDISPENSABLE !

OK ?

OK !

# POURQUOI CERTAINS SONT CONTRE LES LOUPS EN FRANCE

QUI A PEUR DU GRAND MÉCHANT LOUP ?
CELUI-LÀ, C'EST SÛR, IL N'EXISTE QUE DANS LES CONTES...

ENVIRON 300 LOUPS VIVENT EN FRANCE ! APRÈS AVOIR DISPARU, LE LOUP EST REVENU DANS LES ANNÉES 1990 ET NE CESSE D'AGRANDIR SON TERRITOIRE.

IL N'EST NI TRÈS GRAND NI MÉCHANT, MAIS C'EST UN ANIMAL SAUVAGE. DU COUP, SA PRÉSENCE POSE PROBLÈME À L'HOMME.

PAS PARCE QU'IL ATTAQUE LES GENS ! EN FAIT, LE LOUP EST PLUTÔT MÉFIANT ET N'A PAS TRÈS ENVIE D'APPROCHER LES HOMMES.
PAR CONTRE, CE PRÉDATEUR RAFFOLE DES BREBIS ET ATTAQUE LES TROUPEAUX EN PÂTURE DANS LA MONTAGNE, DANS LES ALPES PAR EXEMPLE.
ENVIRON 6 000 BREBIS SONT TUÉES CHAQUE ANNÉE PAR LE LOUP. ÇA REPRÉSENTE MOINS DE 1 % DU NOMBRE TOTAL DE BREBIS...
MIAM
1%
... MAIS CETTE PERTE FRAGILISE LES TROUPEAUX. C'EST POUR ÇA QUE DE NOMBREUX ÉLEVEURS DE BREBIS PROTESTENT.
ON EST CONTRE LE LOUP
NOUS AUSSI
POUR EUX, LA PRÉSENCE DU LOUP EN FRANCE EST INCOMPATIBLE AVEC LEUR ACTIVITÉ D'ÉLEVAGE.
OU
C'EST POURQUOI LA LOI FACILITE L'ABATTAGE DE LOUPS DANS LES ZONES DE PROTECTION DES TROUPEAUX.

MAIS IL N'EST PAS POSSIBLE POUR LES ÉLEVEURS DE COHABITER AVEC LE LOUP ?

DES SPÉCIALISTES AFFIRMENT QUE LA COHABITATION EST POSSIBLE : POUR ÇA, IL FAUT DES TROUPEAUX PLUS PETITS ET MIEUX GARDÉS.

LES BERGERS DOIVENT CONSTAMMENT SURVEILLER LES TROUPEAUX, ET SE FAIRE AIDER DE CHIENS PATOUS, DE SUPER GARDIENS. IL FAUT AUSSI METTRE LES BREBIS À L'ABRI POUR LA NUIT.

LE LOUP, EN FRANCE, RESTE UNE ESPÈCE PROTÉGÉE. PLUTÔT QU'ÊTRE POUR OU CONTRE, IL EST NÉCESSAIRE D'APPRENDRE À VIVRE AVEC, EN AIDANT LES ÉLEVEURS À S'EN DÉFENDRE.

**POUR EN SAVOIR PLUS**
• C'est quoi, une espèce menacée ? p. 34

# IL Y A ENCORE DES OURS EN FRANCE

OUI, IL Y A DES OURS EN FRANCE.
ET ON SAIT MÊME COMBIEN : UNE TRENTAINE !

NÉANMOINS CE N'EST PAS BEAUCOUP, ET TOUS VIVENT DANS LES PYRÉNÉES. CETTE ESPÈCE EST EN DANGER. ON DIT QU'ELLE EST « EN VOIE DE DISPARITION ».

C'EST POUR ÇA QUE DEPUIS 1984 LA FRANCE S'EST ENGAGÉE À LA SAUVEGARDER SUR SON TERRITOIRE.

MAIS POURQUOI IL FAUT PROTÉGER LES OURS ?
TOUT D'ABORD POUR PRÉSERVER LA BIODIVERSITÉ. L'OURS A UN RÔLE IMPORTANT DANS L'ÉCOSYSTÈME DE LA MONTAGNE.
IMPORTANT
C'EST UN GRAND PRÉDATEUR. IL VA LIMITER LA POPULATION DE CERTAINS AUTRES ANIMAUX, COMME LES ISARDS, EN LES CHASSANT.
CEPENDANT L'OURS N'EST PAS UN TRÈS BON CHASSEUR. GÉNÉRALEMENT IL ATTRAPE LES ANIMAUX VIEUX OU MALADES, CE QUI EST BÉNÉFIQUE POUR LA NATURE.
ISARD EN PETITE FORME
AINSI, LA DISPARITION DE L'OURS SERAIT UN MAUVAIS SIGNE POUR L'ÉQUILIBRE DE L'ENVIRONNEMENT.
AVEC OURS
SANS OURS
MAIS L'OURS EST AUSSI UN ATOUT TOURISTIQUE. BEAUCOUP DE RANDONNEURS AIMENT SAVOIR QU'ILS ARPENTENT UNE FORÊT ENCORE PRÉSERVÉE, OÙ L'OURS EST PRÉSENT.
RRR

ET IL Y A DE PLUS EN PLUS D'OURS EN FRANCE ! AVEC LA PROTECTION DU GOUVERNEMENT, LES OURS SE REPRODUISENT PLUS FACILEMENT.

RÉGULIÈREMENT, DES OURS DE SLOVÉNIE, UN PAYS D'EUROPE CENTRALE, SONT RELÂCHÉS DANS LES PYRÉNÉES POUR AIDER LE REPEUPLEMENT TOUT EN ÉVITANT LA CONSANGUINITÉ.

C'EST-À-DIRE QU'IL FAUT ÉVITER QU'UN OURS FASSE DES PETITS AVEC UN DE SES PROPRES ENFANTS PAR MANQUE DE CHOIX.

GRÂCE À L'INTRODUCTION D'OURS D'AUTRES PAYS, LES PETITS, UNE FOIS ADULTES, PRÉFÉRERONT SE REPRODUIRE AVEC CES OURS ÉTRANGERS, ET LA SANTÉ DES OURS SERA ALORS PRÉSERVÉE.

29

# CHAPITRE 2
## LES DIFFÉRENTES POLLUTIONS

### LA POLLUTION, C'EST QUOI ?

C'est le fait d'abîmer les milieux naturels en rejetant DES SUBSTANCES TOXIQUES.

**DANS L'EAU**  **DANS LES SOLS**  **DANS L'AIR**

### L'ÊTRE HUMAIN RESPONSABLE

Pour satisfaire les besoins en énergie, en alimentation et en consommation d'objets de toutes sortes, les hommes coupent les arbres, polluent les océans, agrandissent les espaces urbains au détriment de la nature.

## SUR TERRE

### LA DÉFORESTATION
Pour cultiver du soja ou extraire du pétrole ou des minerais, les hommes coupent les arbres des forêts primaires, en Afrique et en Amazonie.

Et détruisent ainsi l'habitat de nombreux animaux, comme les gorilles, en Ouganda ou les jaguars au Brésil.

### LA POLLUTION AGRICOLE
Les pesticides utilisés par les agriculteurs sont des produits chimiques qui tuent les mauvaises herbes et les insectes qui s'attaquent aux plantations.

## DANS L'AIR
L'air que nous respirons est pollué par les fumées des usines et des pots d'échappement des voitures.

Malheureusement, ces pesticides se retrouvent aussi dans l'eau des rivières et contaminent les poissons. Ils s'infiltrent dans les sols et les plantes, polluant ainsi toute la chaîne alimentaire.

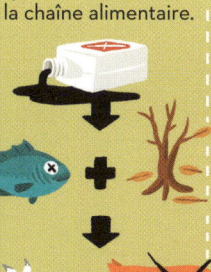

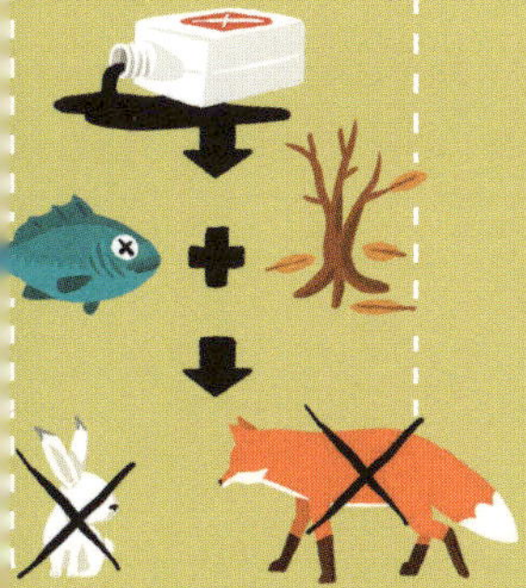

## EN MER

### LES DÉCHETS ET LES MARÉES NOIRES
Les sacs plastique qui se retrouvent dans les océans étouffent de nombreuses espèces marines.

### LA SURPÊCHE
Les méthodes de pêche industrielle appauvrissent les océans. Certains poissons n'ont plus le temps de se reproduire.

## CHAPITRE 2

# LES DIFFÉRENTES POLLUTIONS
## LES ESPÈCES MENACÉES

PROTÉGER LES ANIMAUX EN DANGER, C'EST ESSENTIEL. POUR ÇA, IL FAUT PROTÉGER LEUR HABITAT.

### SUR LA LISTE ROUGE

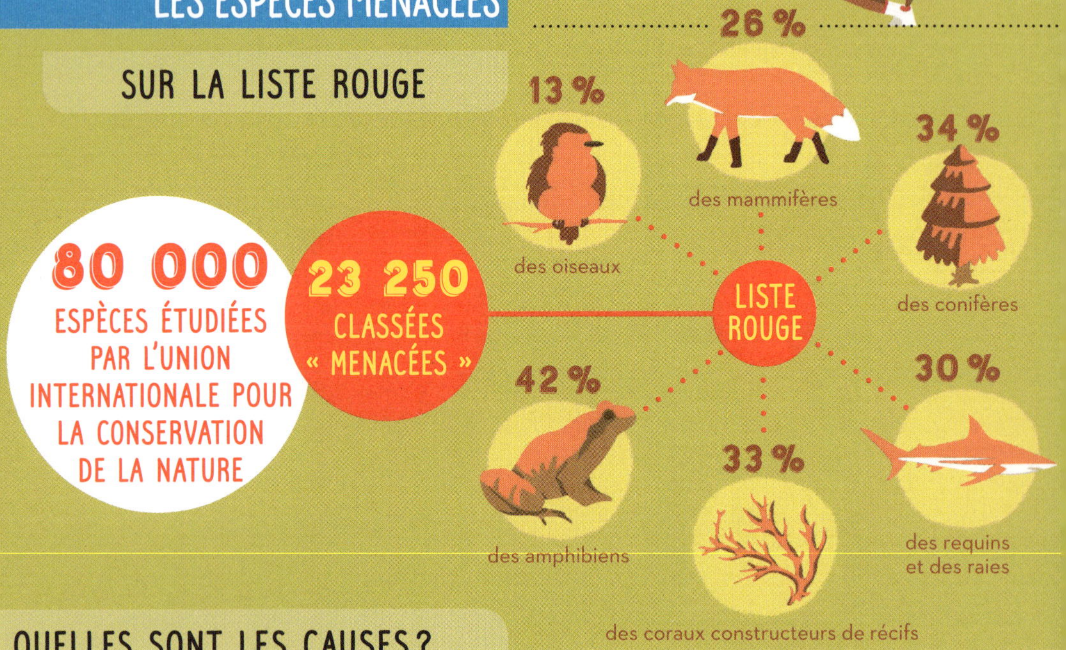

**80 000** ESPÈCES ÉTUDIÉES PAR L'UNION INTERNATIONALE POUR LA CONSERVATION DE LA NATURE

**23 250** CLASSÉES « MENACÉES »

**LISTE ROUGE**

- 13 % des oiseaux
- 26 % des mammifères
- 34 % des conifères
- 42 % des amphibiens
- 33 % des coraux constructeurs de récifs
- 30 % des requins et des raies

### QUELLES SONT LES CAUSES ?

**DANGER 1**
- la déforestation
- la construction de zones urbaines
- l'agriculture

**DANGER 2**
- la chasse
- la pêche

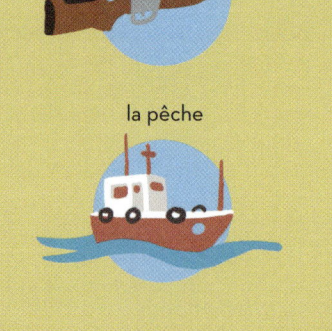

**DANGER 3**
- la pollution
- le changement climatique

# QUELQUES BONNES NOUVELLES
## EN FRANCE, LES ACTIONS DE PROTECTION ONT PORTÉ LEURS FRUITS.

### LA SPATULE BLANCHE
Ce bel échassier a failli disparaître.

CHASSE INTERDITE + ZONES D'HABITAT AQUATIQUE RESTAURÉES

= POPULATION DE FRANCE EN AUGMENTATION

### LE BOUQUETIN DES ALPES
Il avait quasiment disparu.

PROTECTION ET CRÉATION DE PARCS NATIONAUX ALPINS + ACTIONS D'ASSOCIATIONS

= PLUSIEURS DÉPARTEMENTS REPEUPLÉS

### LE VAUTOUR MOINE

VICTIME DE LA CHASSE PENDANT PRÈS D'UN SIÈCLE, IL RÉAPPARAÎT DANS LE SUD DE LA FRANCE.

### LES TORTUES MARINES
AMÉLIORATION DES CONDITIONS DE VIE DANS LES ANTILLES FRANÇAISES ET EN GUYANE.

PLAGES, PÊCHE ET ŒUFS SURVEILLÉS

# C'EST QUOI, UNE ESPÈCE MENACÉE ??? 

C'EST UN ANIMAL OU UN VÉGÉTAL QUI RISQUE DE DISPARAÎTRE À JAMAIS DE LA SURFACE DE NOTRE TERRE.

*Attention ! Je vais disparaître !*

AUJOURD'HUI, UNE ESPÈCE DISPARAÎT TOUTES LES 13 MINUTES.

13 MINUTES

ET LES PRÉVISIONS SONT ALARMANTES. UN MAMMIFÈRE SUR QUATRE, UN OISEAU SUR HUIT ET UN AMPHIBIEN SUR TROIS POURRAIENT S'ÉTEINDRE DANS UN FUTUR PROCHE.

LES DIFFÉRENTES POLLUTIONS

MAIS COMMENT ON SAIT QUE DES ESPÈCES SONT MENACÉES ?

DEPUIS L'APPARITION DE LA VIE SUR NOTRE PLANÈTE, LE NOMBRE D'ESPÈCES ÉVOLUE EN PERMANENCE. CERTAINES MEURENT TANDIS QUE D'AUTRES APPARAISSENT.

LA PLUPART DES ESPÈCES DISPARAISSENT NATURELLEMENT, MAIS L'ACTIVITÉ HUMAINE ACCÉLÈRE CE PHÉNOMÈNE.

EN VOIE DE DISPARITION

POUR CONSTRUIRE DES HABITATIONS ET DES ROUTES, CULTIVER OU PÊCHER NOTRE NOURRITURE, LES TERRITOIRES DES ANIMAUX ET DES PLANTES SONT RÉDUITS, OU DÉTRUITS.

LA POLLUTION AU DIOXYDE DE CARBONE FAIT FONDRE LA BANQUISE, OÙ VIT L'OURS POLAIRE ; LES INSECTICIDES DÉCIMENT LES ABEILLES.

POLLUTION

INSECTICIDES

LES TRAFICS SAUVAGES DE L'IVOIRE DE L'ÉLÉPHANT, DE LA CORNE DU RHINOCÉROS ET DE L'AILERON DU REQUIN MENACENT LA SURVIE DE CES ESPÈCES.

## POUR EN SAVOIR PLUS

- C'est quoi, la Grande Barrière de corail ? p. 17
- Pourquoi on a besoin des abeilles ? p. 20
- Pourquoi certains sont contre les loups en France ? p. 23
- Il y a encore des ours en France ? p. 26

CHAQUE ANNÉE, L'UNION INTERNATIONALE POUR LA CONSERVATION DE LA NATURE DRESSE LA LISTE ROUGE DES ESPÈCES ANIMALES ET VÉGÉTALES MENACÉES.

SUR 80 000 ESPÈCES ÉTUDIÉES, 23 250 SONT CLASSÉES « EN DANGER CRITIQUE », « EN DANGER » OU « VULNÉRABLES ».

LA LISTE ROUGE ATTIRE L'ATTENTION DES POLITIQUES ET DU PUBLIC, ET INVITE À METTRE EN PLACE DES ACTIONS DE PROTECTION.

ET ÇA MARCHE ! POUR LA PREMIÈRE FOIS DEPUIS 100 ANS, LA POPULATION DES TIGRES SAUVAGES A AUGMENTÉ. UNE BONNE NOUVELLE, FRUIT D'UN GROS TRAVAIL DE PROTECTION DE L'ANIMAL !

# Pourquoi il y a des jours plus pollués que d'autres ? ? ?

En ville, il y a beaucoup de voitures, plein de gens qui chauffent leur petit chez-eux, et parfois des usines pas très loin.

| | |
|---|---|
| Tout ça produit de la pollution : des gaz et de minuscules poussières qui vont flotter dans l'air. | En temps normal, ces particules sont poussées hors de la ville tout au long de la journée grâce à des mouvements d'air, comme le vent. |

OUF

LES DIFFÉRENTES POLLUTIONS

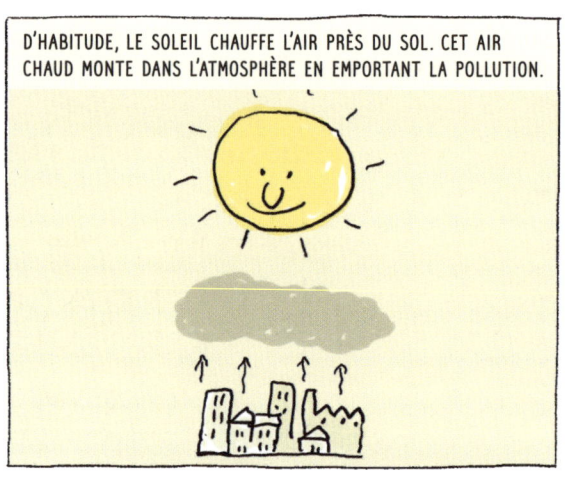

MAIS ALORS POURQUOI ON PARLE DE « PIC DE POLLUTION »?

UN PIC DE POLLUTION, C'EST QUAND L'AIR EST TRÈS POLLUÉ PENDANT QUELQUES JOURS.

ET, S'IL EST TRÈS POLLUÉ, C'EST À CAUSE D'UNE MÉTÉO PARTICULIÈRE...

D'HABITUDE, LE SOLEIL CHAUFFE L'AIR PRÈS DU SOL. CET AIR CHAUD MONTE DANS L'ATMOSPHÈRE EN EMPORTANT LA POLLUTION.

MAIS, PARFOIS, CE PRINCIPE EST DÉRÉGLÉ ET L'AIR POLLUÉ RESTE BLOQUÉ AU SOL.

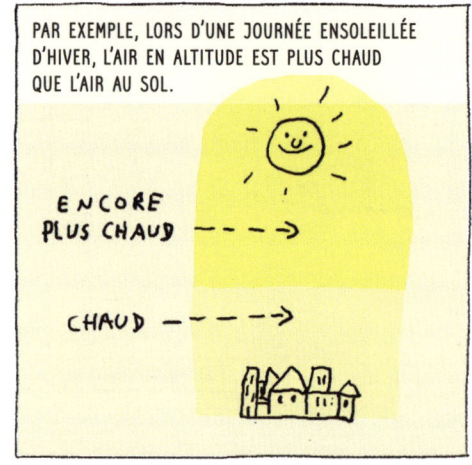

Zut!

PAR EXEMPLE, LORS D'UNE JOURNÉE ENSOLEILLÉE D'HIVER, L'AIR EN ALTITUDE EST PLUS CHAUD QUE L'AIR AU SOL.

ENCORE PLUS CHAUD ---→

CHAUD ---→

DU COUP, L'AIR AU SOL NE MONTE PLUS. IL RESTE SUR LA VILLE, ET, S'IL N'Y A PAS DE VENT, LA POLLUTION S'ACCUMULE.

QU'IL FAIT BON !

C'EST POURQUOI, DURANT CES JOURS, IL FAUT ABSOLUMENT ÉVITER LES ACTIVITÉS POLLUANTES POUR NE PAS CONTINUER DE POLLUER L'AIR.

ALERTE

GÉNÉRALEMENT, LA MAIRIE DE LA VILLE ENCOURAGE LES HABITANTS À LAISSER LEUR VOITURE AU GARAGE ET À PRÉFÉRER LES TRANSPORTS EN COMMUN.

MAIS, BIEN SÛR, LE MIEUX, ÇA SERAIT DE NE PLUS AUTANT POLLUER L'AIR TOUT AU LONG DE L'ANNÉE ! UN DÉFI POUR LES PROCHAINES ANNÉES.

**POUR EN SAVOIR PLUS**

• Pourquoi la Chine est aussi polluée ? p. 40

POURQUOI IL Y A DES JOURS PLUS POLLUÉS QUE D'AUTRES ?

LES DIFFÉRENTES POLLUTIONS

# Pourquoi la Chine est aussi polluée ???

Ce pays, le plus peuplé du monde, s'est lancé dans un développement industriel très rapide depuis une trentaine d'années.

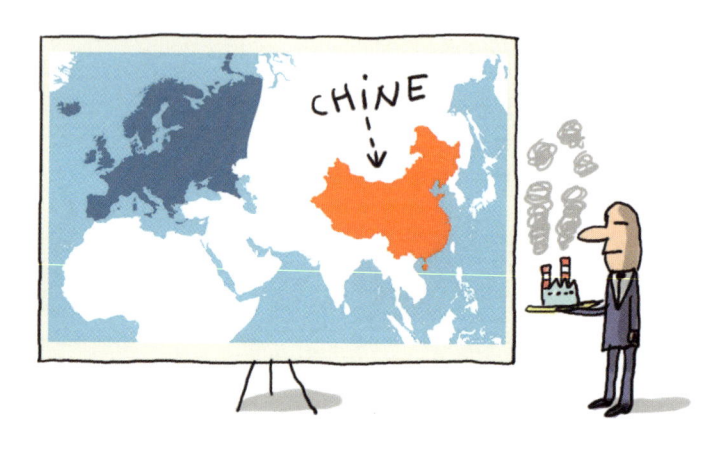

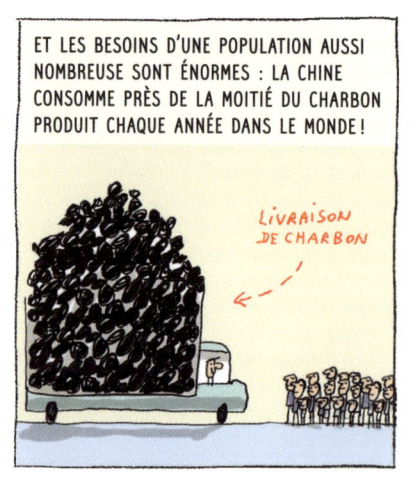

CHINE

Il a fallu construire des milliers d'usines, mais également des centrales à charbon très polluantes pour produire de l'électricité.

Et les besoins d'une population aussi nombreuse sont énormes : la Chine consomme près de la moitié du charbon produit chaque année dans le monde !

LIVRAISON DE CHARBON

LES CHINOIS ACHÈTENT EN OUTRE DE PLUS EN PLUS DE VOITURES, 2 MILLIONS PAR MOIS, SOIT AUTANT QU'EN FRANCE EN 1 AN.

PLUS DE VOITURES, PLUS D'USINES, PLUS DE CENTRALES À CHARBON, DONC PLUS DE POLLUTION.

LES GRANDES VILLES CHINOISES SONT AINSI NOYÉES DANS LE SMOG, UN NUAGE DE POLLUTION TRÈS TOXIQUE.

CAR CE SMOG CONTIENT NOTAMMENT DES PARTICULES QUI PÉNÈTRENT DANS LES POUMONS MALGRÉ LES MASQUES QUE PORTENT DE NOMBREUX CHINOIS.

DANS CERTAINES VILLES DE CHINE, COMME À HARBIN, LE TAUX DE PARTICULES DANS L'AIR EST 40 FOIS PLUS ÉLEVÉ QUE LE TAUX RECOMMANDÉ PAR L'ORGANISATION MONDIALE DE LA SANTÉ.

LES CONSÉQUENCES SONT DRAMATIQUES, AVEC, CHAQUE ANNÉE, 1,6 MILLION DE MORTS À CAUSE DE LA POLLUTION DE L'AIR.

LES DIFFÉRENTES POLLUTIONS

DANS PLUSIEURS VILLES CHINOISES COMME SHANGHAI OU PÉKIN, LE NOMBRE DE VOITURES A DONC ÉTÉ LIMITÉ.

DE NOUVEAUX MODÈLES DE CENTRALES À CHARBON, MOINS POLLUANTES, SONT AUSSI EN TRAIN D'APPARAÎTRE.

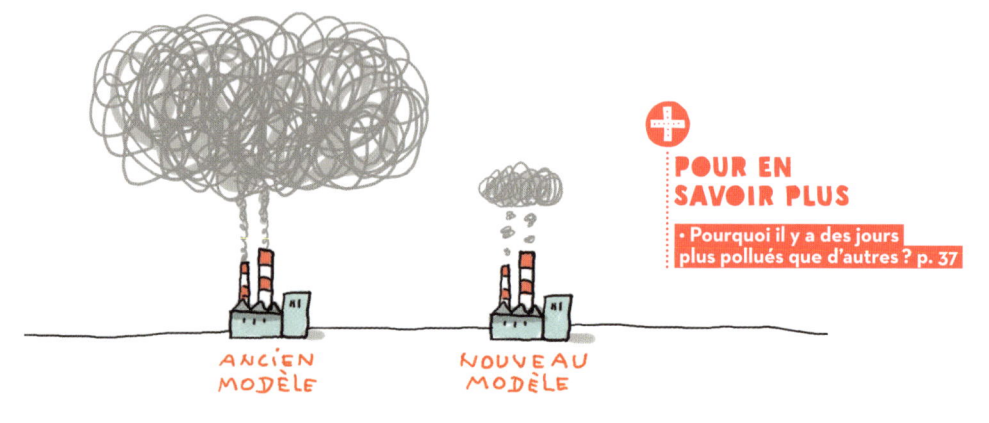

ANCIEN MODÈLE

NOUVEAU MODÈLE

**POUR EN SAVOIR PLUS**

• Pourquoi il y a des jours plus pollués que d'autres ? p. 37

MAIS, POUR DE NOMBREUX INDUSTRIELS ET RESPONSABLES POLITIQUES CHINOIS, LA LUTTE CONTRE LA POLLUTION FREINE LE DÉVELOPPEMENT ÉCONOMIQUE.

ET IL EST DIFFICILE POUR LES MOUVEMENTS ÉCOLOGISTES DE FAIRE ENTENDRE LEUR VOIX DANS UN PAYS OÙ LA LIBERTÉ D'EXPRESSION EST INTERDITE...

# C'EST QUOI, UNE CENTRALE NUCLÉAIRE ? ? ?

UNE CENTRALE NUCLÉAIRE, C'EST UNE USINE OÙ ON PRODUIT DE L'ÉLECTRICITÉ À PARTIR D'UNE RÉACTION COMPLIQUÉE APPELÉE LA « FISSION NUCLÉAIRE ».

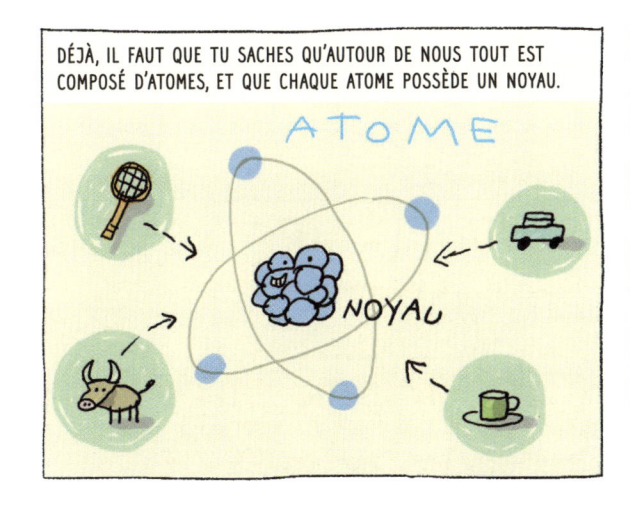

DÉJÀ, IL FAUT QUE TU SACHES QU'AUTOUR DE NOUS TOUT EST COMPOSÉ D'ATOMES, ET QUE CHAQUE ATOME POSSÈDE UN NOYAU.

LA FISSION NUCLÉAIRE, C'EST QUAND ON FAIT EXPLOSER UN NOYAU D'ATOME POUR PRODUIRE UNE GRANDE QUANTITÉ D'ÉNERGIE.

CETTE ÉNERGIE EST ENSUITE RÉCUPÉRÉE POUR PRODUIRE DE L'ÉLECTRICITÉ.

MAIS EST-CE QUE C'EST DANGEREUX ?

OUI, CAR LES MATÉRIAUX UTILISÉS LORS DE LA FISSION NUCLÉAIRE SONT RADIOACTIFS, C'EST-À-DIRE QU'ILS DIFFUSENT BEAUCOUP D'ÉNERGIE AUTOUR D'EUX PENDANT TRÈS LONGTEMPS.

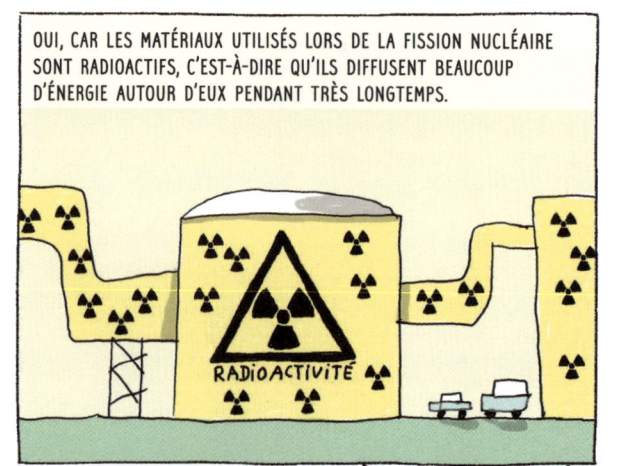

ET CETTE ÉNERGIE, SI ELLE S'ÉCHAPPE, EST DANGEREUSE POUR LES ÊTRES VIVANTS.

C'EST POUR ÇA QUE DE NOMBREUSES PERSONNES S'OPPOSENT À LA PRODUCTION D'ÉLECTRICITÉ PAR LE NUCLÉAIRE ET DEMANDENT LA FERMETURE DES CENTRALES.

NON AU NUCLÉAIRE

CAR, MÊME SI AUJOURD'HUI LES CENTRALES PRODUISENT BEAUCOUP D'ÉLECTRICITÉ POUR PEU CHER ET SANS POLLUER L'AIR, IL EXISTE DE VRAIS DANGERS.

**POUR EN SAVOIR PLUS**
• Il s'est passé quoi à Fukushima ? p. 46

EN EFFET, ACTUELLEMENT ON NE SAIT PAS ENCORE COMMENT RECYCLER LES DÉCHETS RADIOACTIFS DES CENTRALES, ON NE PEUT QUE LES STOCKER.

DE PLUS, EN CAS D'ACCIDENT, UNE CENTRALE PEUT EXPLOSER ET LAISSER ÉCHAPPER DES PRODUITS RADIOACTIFS, QUI POLLUERONT L'ENVIRONNEMENT POUR DES CENTAINES D'ANNÉES.

C'EST CE QUI S'EST PASSÉ LE 11 MARS 2011 LORS DE L'ACCIDENT DE LA CENTRALE DE FUKUSHIMA, AU JAPON.

MALGRÉ CES RISQUES, EN FRANCE, LES TROIS QUARTS DE L'ÉLECTRICITÉ SONT FOURNIS PAR LES CENTRALES NUCLÉAIRES, ET ON N'A PAS ENCORE TROUVÉ DE SOLUTION AUSSI EFFICACE POUR LES REMPLACER.

# IL S'EST PASSÉ QUOI À FUKUSHIMA

FUKUSHIMA EST LE NOM D'UNE CENTRALE NUCLÉAIRE SITUÉE AU JAPON, À 250 KILOMÈTRES AU NORD DE LA CAPITALE, TOKYO.

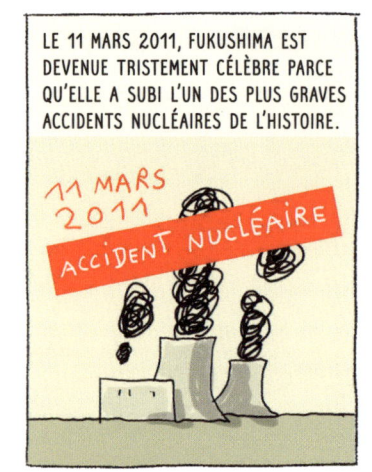

JAPON — FUKUSHIMA — TOKYO

LE 11 MARS 2011, FUKUSHIMA EST DEVENUE TRISTEMENT CÉLÈBRE PARCE QU'ELLE A SUBI L'UN DES PLUS GRAVES ACCIDENTS NUCLÉAIRES DE L'HISTOIRE.

11 MARS 2011 — ACCIDENT NUCLÉAIRE

CE JOUR-LÀ, LE JAPON A ÉTÉ FRAPPÉ PAR UN TREMBLEMENT DE TERRE TRÈS VIOLENT, QUI A ENSUITE ENTRAÎNÉ UN TSUNAMI.

TREMBLEMENT DE TERRE

UN TSUNAMI, C'EST UNE VAGUE GÉANTE QUI DÉVASTE TOUT SUR SON PASSAGE : ELLE A ENDOMMAGÉ LES RÉACTEURS DE LA CENTRALE NUCLÉAIRE DE FUKUSHIMA.

↓ TSUNAMI

MAIS C'EST QUOI, UN RÉACTEUR DE CENTRALE NUCLÉAIRE ?

UN RÉACTEUR EST COMME UNE COCOTTE-MINUTE : À L'INTÉRIEUR, UN COMBUSTIBLE RADIOACTIF, L'URANIUM, PERMET DE FABRIQUER DE L'ÉLECTRICITÉ EN DÉGAGEANT DE LA CHALEUR.

URANIUM

MAIS, ATTENTION, LE RÉACTEUR NE DOIT PAS TROP CHAUFFER.
POUR ÇA, IL EST REFROIDI EN PERMANENCE AVEC DE L'EAU.
SINON, IL PEUT EXPLOSER !

EAU

LES DIFFÉRENTES POLLUTIONS

ET C'EST CE QUI S'EST MALHEUREUSEMENT PASSÉ POUR TROIS DES RÉACTEURS DE LA CENTRALE DE FUKUSHIMA.

LORS DES EXPLOSIONS, DES PRODUITS RADIOACTIFS SE SONT ÉCHAPPÉS. OR CETTE RADIOACTIVITÉ REND LES HOMMES MALADES ET POLLUE L'ENVIRONNEMENT POUR DES SIÈCLES.

LES POPULATIONS DES ENVIRONS DE FUKUSHIMA ONT DÛ QUITTER LEURS MAISONS.

DANS LA CENTRALE, DEPUIS 2011, DES ÉQUIPES MAINTIENNENT LES RÉACTEURS « AU FRAIS » EN Y INJECTANT DE L'EAU DE MER.

AUJOURD'HUI, LA CENTRALE NUCLÉAIRE ET SES ENVIRONS SONT TOUJOURS EN COURS DE NETTOYAGE. L'OBJECTIF EST DE RÉDUIRE LE PLUS POSSIBLE LE NIVEAU DE RADIOACTIVITÉ...

... POUR QUE LA VIE REPRENNE PETIT À PETIT DANS CETTE RÉGION. MAIS LE CHANTIER DE NETTOYAGE POURRAIT PRENDRE 40 ANS !

**POUR EN SAVOIR PLUS**

• C'est quoi, une centrale nucléaire ? p. 43

40 ANS

# C'EST QUOI, LE SEPTIÈME CONTINENT ❓❓❓

C'EST UN CONTINENT TRÈS DIFFÉRENT DE L'AFRIQUE, L'AMÉRIQUE, L'ANTARCTIQUE, L'ASIE, L'EUROPE OU L'OCÉANIE !

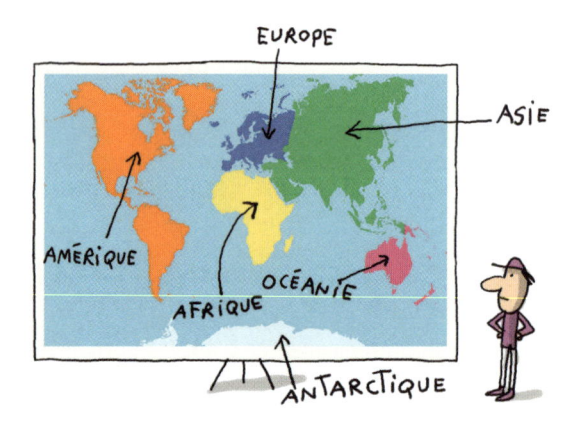

IL NE S'EST PAS FORMÉ IL Y A DES MILLIONS D'ANNÉES, MAIS SEULEMENT DEPUIS DES DIZAINES D'ANNÉES.

COMMENT ? À CAUSE DE DÉCHETS PRODUITS PAR L'ACTIVITÉ HUMAINE ! EH OUI, C'EST UN CONTINENT DE DÉCHETS FLOTTANTS, QUI POLLUE LES OCÉANS.

CES ORDURES ARRIVENT PAR LES COURS D'EAU, OU VIENNENT DES PLAGES ET DES BATEAUX.

ELLES SONT TENUES ENSEMBLE PAR DES COURANTS TOURBILLONNANTS APPELÉS « GYRES », DANS LE PACIFIQUE NORD, LE PACIFIQUE SUD, L'ATLANTIQUE NORD, L'ATLANTIQUE SUD ET L'OCÉAN INDIEN.

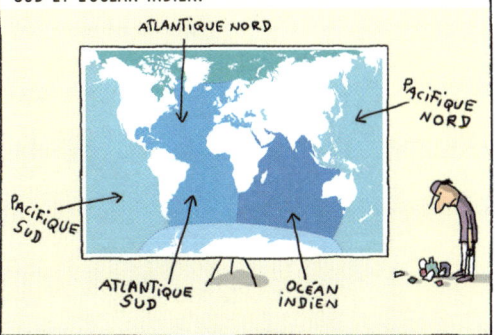

LE SEPTIÈME CONTINENT EST DONC FORMÉ DE CINQ POUBELLES GÉANTES AU NOM APPÉTISSANT DE « SOUPES DE PLASTIQUE » !

EN 1997, LE NAVIGATEUR CHARLES MOORE A DÉCOUVERT PAR HASARD CELLE DU PACIFIQUE NORD.

DEPUIS, IL EST DEVENU URGENT DE MESURER LES EFFETS DE CETTE POLLUTION, POISON MORTEL POUR LES ANIMAUX, POISSONS ET OISEAUX, QUI AVALENT DU PLASTIQUE EN CROYANT QUE C'EST DU PLANCTON.

ALORS, EST-CE QU'ON PEUT RAYER DE LA CARTE CET ENCOMBRANT CONTINENT ? IL FAUT DÉJÀ LE SURVEILLER : C'EST LE PROJET DE L'EXPÉDITION 7ᵉ CONTINENT, QUI EXPLORE LES CINQ GYRES DE LA PLANÈTE.

LES DIFFÉRENTES POLLUTIONS

PUIS NETTOYER LES OCÉANS, PAR EXEMPLE AVEC L'ASPIRATEUR GÉANT DU JEUNE BOYAN SLAT.

ASPIRATEUR GÉANT

MAIS, SELON CHARLES MOORE, L'IMPORTANT DANS LE FUTUR EST DE RÉSERVER LE PLASTIQUE AUX OBJETS QUI DURENT.

JETABLE — LONGUE DURÉE DE VIE
NON — OUI

CAR, POUR LA PLANÈTE, LE PLASTIQUE, CE N'EST PAS FANTASTIQUE : UNE BOUTEILLE METTRAIT 450 ANS À DISPARAÎTRE...

ADIEU
→ 450 ANS

EN FRANCE, DEPUIS LE MOIS DE JUILLET 2016, LES SACS EN PLASTIQUE SONT DÉSORMAIS INTERDITS DANS LES SUPERMARCHÉS. ALORS, DÉGAINE TON PANIER DURABLE !

JETABLE    DURABLE

**POUR EN SAVOIR PLUS**

• Pourquoi on ne donne plus de sacs plastique à la caisse ? p. 114

# Pourquoi les pesticides sont dangereux pour la santé ???

QUAND UNE PLANTE POUSSE, ELLE SE FAIT ATTAQUER PAR DES INSECTES, DES LIMACES, DES HERBES OU DES CHAMPIGNONS.

À L'ATTAQUE

POUR LA PROTÉGER, LES AGRICULTEURS DÉPOSENT UN PESTICIDE : UN PRODUIT CHIMIQUE QUI EMPOISONNE TOUT CE QUI ABÎME LA PLANTE.

ARGH

CÔTÉ PESTICIDES, LA FRANCE EST CHAMPIONNE ! C'EST LE PREMIER UTILISATEUR DE PESTICIDES EN EUROPE, ET LE TROISIÈME AU MONDE. MAIS C'EST AUSSI LE PAYS D'EUROPE QUI CULTIVE LE PLUS SES TERRES.

ON EST LES CHAMPIONS !

ARGH !

LES DIFFÉRENTES POLLUTIONS

ALORS, SI LES PESTICIDES PROTÈGENT LES PLANTES, POURQUOI CERTAINES PERSONNES SONT CONTRE ?

BEAUCOUP D'AGRICULTEURS DISENT AVOIR BESOIN DES PESTICIDES POUR FAIRE POUSSER PLUS DE FRUITS ET DE LÉGUMES, DONC POUR NOURRIR PLUS DE MONDE, ET VENDRE PLUS.

ET, BIEN SÛR, LES FABRICANTS DE PESTICIDES VEULENT QU'ON UTILISE LEURS PRODUITS.

LE PROBLÈME, C'EST QUE LES PESTICIDES TUENT AUSSI DES BÊTES UTILES À LA NATURE, COMME L'ABEILLE.

ET PUIS, LES PESTICIDES SE RÉPANDENT PARTOUT : SUR D'AUTRES CHAMPS, DANS LA TERRE, DANS LES RIVIÈRES, DANS L'AIR.

TOUT LE MONDE AVALE UN PEU DE PESTICIDES. MAIS LES AGRICULTEURS QUI LES TOUCHENT BEAUCOUP ATTRAPENT, EUX, DES MALADIES GRAVES.

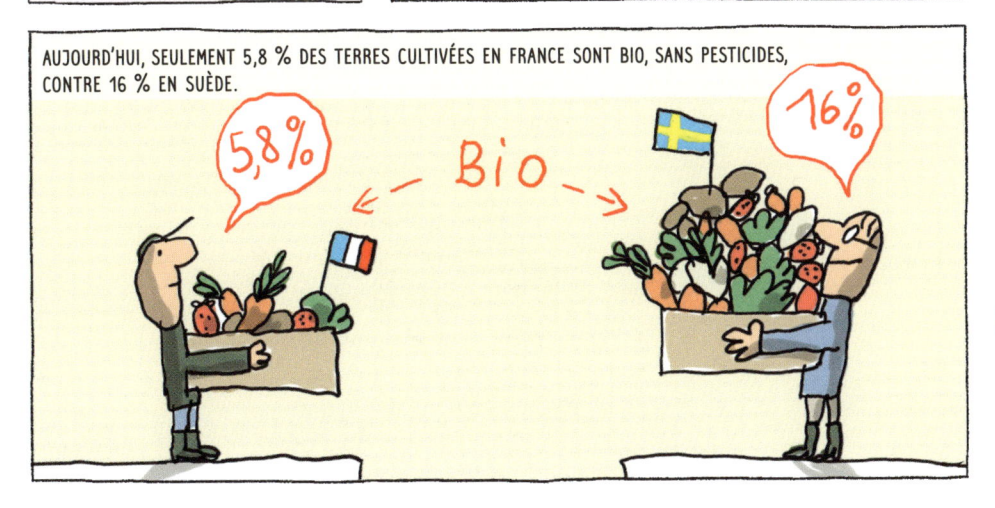

ALORS, EN 2007, LE GOUVERNEMENT A DEMANDÉ DE LIMITER DE MOITIÉ CES PESTICIDES.

CAR LES AGRICULTEURS PEUVENT CHOISIR DES PESTICIDES MOINS DANGEREUX, OU DES SOLUTIONS NATURELLES, COMME LES COCCINELLES : CELLES-CI CROQUENT LES PUCERONS… QUI CROQUAIENT LES PLANTES.

AUJOURD'HUI, SEULEMENT 5,8 % DES TERRES CULTIVÉES EN FRANCE SONT BIO, SANS PESTICIDES, CONTRE 16 % EN SUÈDE.

IL FAUDRA BEAUCOUP DE TEMPS POUR REMPLACER LES PESTICIDES. MAIS TOUT LE MONDE Y GAGNE : LES PLANTES, LES ANIMAUX, LA TERRE ET… TOI !

**POUR EN SAVOIR PLUS**
• Pourquoi on a besoin des abeilles ? p. 20

# C'EST QUOI, LE GASPILLAGE ALIMENTAIRE ❓❓❓

C'EST QUAND ON JETTE À LA POUBELLE DE LA NOURRITURE ENCORE BONNE À LA CONSOMMATION.

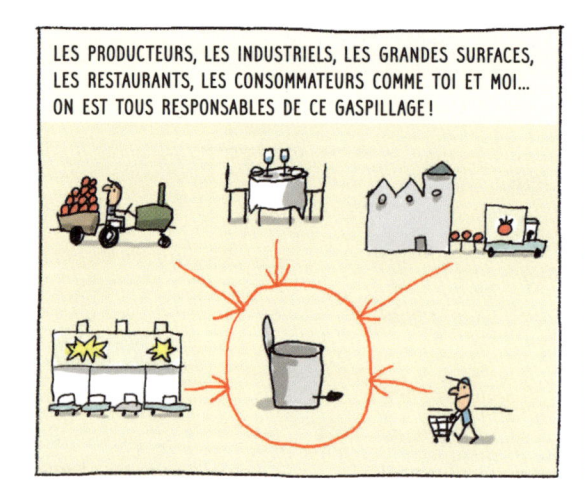

GASPILLAGE ALIMENTAIRE

LES PRODUCTEURS, LES INDUSTRIELS, LES GRANDES SURFACES, LES RESTAURANTS, LES CONSOMMATEURS COMME TOI ET MOI... ON EST TOUS RESPONSABLES DE CE GASPILLAGE !

EN FRANCE, CHAQUE ANNÉE, PLUS DE 7 MILLIONS DE TONNES D'ALIMENTS SONT AINSI JETÉES À LA POUBELLE.

POUBELLE
7 MILLIONS DE TONNES

**MAIS POURQUOI ON GASPILLE AUTANT ?**

SOUVENT, LES ALIMENTS SONT JETÉS PARCE QU'ILS SONT JUGÉS INVENDABLES, COMME LES LÉGUMES TROP PETITS OU AVEC DES DÉFAUTS, OU PARCE QUE LEUR DATE LIMITE DE CONSOMMATION EST DÉPASSÉE.

DATE DÉPASSÉE

PETIT

DÉFAUT

JUSQU'À PRÉSENT, LA PLUPART DES GRANDES SURFACES JETAIENT LES DENRÉES DONT LA DATE DE CONSOMMATION, INDIQUÉE SUR L'ÉTIQUETTE, ARRIVAIT À TERME.

ET, POUR ÊTRE SÛRES QUE PERSONNE NE RÉCUPÈRE CES ALIMENTS, ELLES LES ASPERGEAIENT D'EAU DE JAVEL DANS LES POUBELLES.

JAVEL

ÇA REPRÉSENTAIT PRÈS DE 20 KILOS DE NOURRITURE GASPILLÉS TOUS LES JOURS PAR CHAQUE SUPERMARCHÉ EN FRANCE !

20 kg  20 kg  20 kg  20 kg  20 kg

MAIS, LE 21 MAI 2015, L'ASSEMBLÉE NATIONALE A VOTÉ DES MESURES CONTRE LE GASPILLAGE ALIMENTAIRE.

LES DIFFÉRENTES POLLUTIONS

57

MAINTENANT, LES GRANDES SURFACES DOIVENT DONNER LEURS ALIMENTS INVENDUS À DES ASSOCIATIONS POUR QUE LES PLUS PAUVRES PUISSENT EN PROFITER.

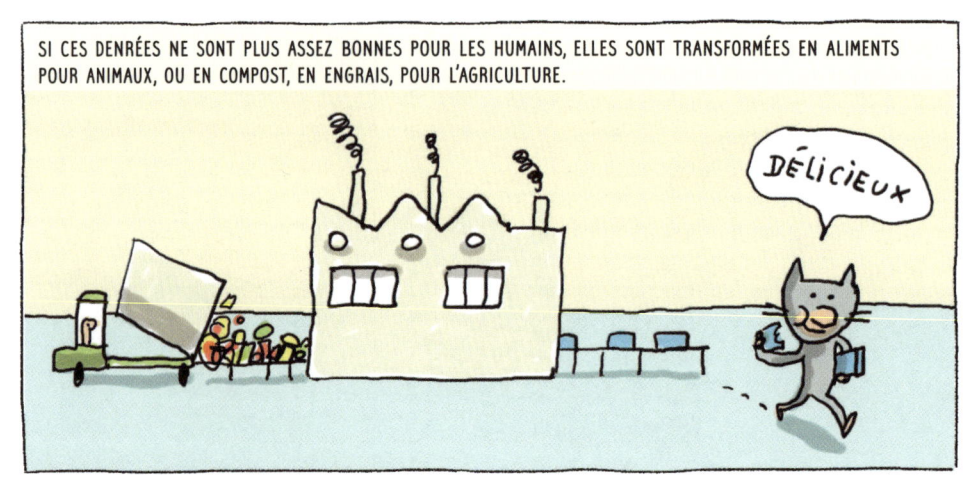

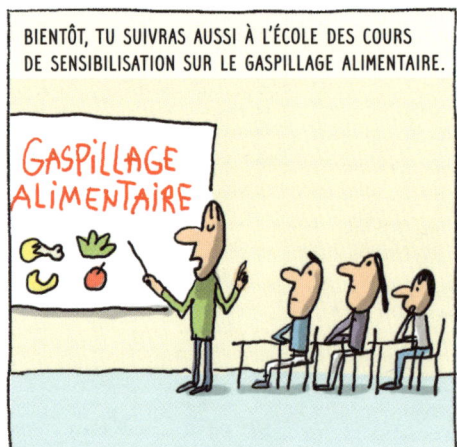

SI CES DENRÉES NE SONT PLUS ASSEZ BONNES POUR LES HUMAINS, ELLES SONT TRANSFORMÉES EN ALIMENTS POUR ANIMAUX, OU EN COMPOST, EN ENGRAIS, POUR L'AGRICULTURE.

BIENTÔT, TU SUIVRAS AUSSI À L'ÉCOLE DES COURS DE SENSIBILISATION SUR LE GASPILLAGE ALIMENTAIRE.

EH OUI, N'OUBLIONS PAS QUE CHACUN DE NOUS JETTE CHAQUE ANNÉE, EN MOYENNE, 20 À 30 KILOS DE NOURRITURE, DONT 7 D'ALIMENTS ENCORE EMBALLÉS !

# C'EST QUOI, LE BISPHÉNOL A

TON CORPS A SOUVENT BESOIN DE TRANSMETTRE DES MESSAGES D'UN ORGANE À L'AUTRE. CES MESSAGES SONT ENVOYÉS SOUS FORME D'HORMONES.

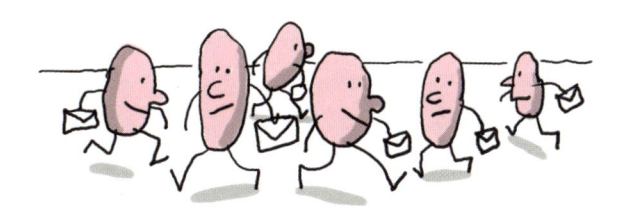

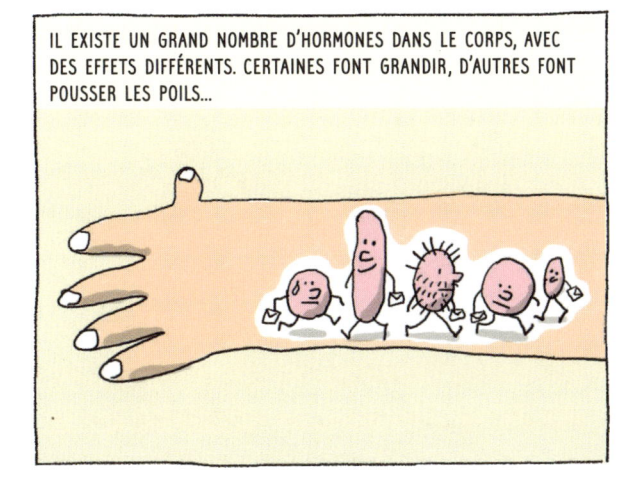

IL EXISTE UN GRAND NOMBRE D'HORMONES DANS LE CORPS, AVEC DES EFFETS DIFFÉRENTS. CERTAINES FONT GRANDIR, D'AUTRES FONT POUSSER LES POILS...

EH BIEN, LE BISPHÉNOL A EST UN PRODUIT QUI VA PERTURBER LES MESSAGES HORMONAUX DU CORPS.

BISPHÉNOL A

MAIS COMMENT IL FAIT ÇA?

LE BISPHÉNOL A EST UN PRODUIT QUI RESSEMBLE BEAUCOUP AUX HORMONES DU CORPS.

VU!

DU COUP, QUAND IL EST PRÉSENT DANS LE CORPS, CERTAINS ORGANES REÇOIVENT UN MESSAGE HORMONAL ALORS QU'ILS NE DEVRAIENT PAS.

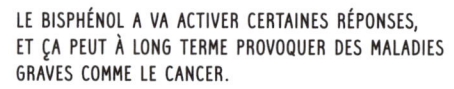

LE BISPHÉNOL A VA ACTIVER CERTAINES RÉPONSES, ET ÇA PEUT À LONG TERME PROVOQUER DES MALADIES GRAVES COMME LE CANCER.

IL PEUT AUSSI RÉDUIRE LA FERTILITÉ, C'EST-À-DIRE LA CAPACITÉ POUR UN ADULTE DE FAIRE DES BÉBÉS.

LE BISPHÉNOL A SE TROUVE DANS BEAUCOUP DE PLASTIQUES, COMME CELUI DES CD, MAIS AUSSI PARFOIS DANS LES EMBALLAGES ALIMENTAIRES.

LES DIFFÉRENTES POLLUTIONS

PAR EXEMPLE, L'INTÉRIEUR DES BOÎTES DE CONSERVE EST RECOUVERT D'UNE FINE COUCHE DE PLASTIQUE QUI CONTIENT PARFOIS DU BISPHÉNOL A.

LES TICKETS DE CAISSE EN ONT ÉGALEMENT BEAUCOUP. LES EMPLOYÉS DES CAISSES DE SUPERMARCHÉ SONT FORTEMENT EXPOSÉS AU BISPHÉNOL A...

C'EST POUR ÇA QUE, DEPUIS JANVIER 2015, LE BISPHÉNOL A EST INTERDIT DANS LA COMPOSITION DES PLASTIQUES QUI ENVELOPPENT LA NOURRITURE.

C'EST UNE BONNE NOUVELLE. HÉLAS, ON NE SAIT PAS ENCORE QUEL PRODUIT VA REMPLACER LE BISPHÉNOL A ET S'IL SERA PLUS OU MOINS DANGEREUX...

CHAPITRE 3

# LES GRANDS DÉFIS POUR LA PLANÈTE
## LE RÉCHAUFFEMENT CLIMATIQUE

### LE CLIMAT
TEMPS QU'IL FAIT. ON PEUT LE MESURER SUR UNE LONGUE PÉRIODE.

### LE DÉRÈGLEMENT CLIMATIQUE
Le climat de la Terre a traversé des périodes froides et des périodes plus chaudes. Ces dérèglements se sont produits sur des milliers d'années. Ce qui a laissé le temps aux espèces de s'adapter.

### DE PLUS EN PLUS VITE
150 ANS

Aujourd'hui, ce n'est plus vrai. Le climat se réchauffe depuis l'ère industrielle, c'est-à-dire en à peine 150 ans. C'est très rapide.

## 1/ POURQUOI ÇA CHAUFFE

Si le climat se réchauffe aussi vite, c'est à cause des activités de l'homme, qui produisent des gaz à effet de serre.

### LE DIOXYDE DE CARBONE ($CO_2$)
émis dans l'atmosphère provoque le réchauffement. C'est l'« effet de serre ».

95% DES RAYONS SONT RETENUS PAR L'ATMOSPHÈRE : C'EST L'EFFET DE SERRE

GAZ À EFFET DE SERRE

RAYONS SOLAIRES

RAYONS INFRAROUGES

Les émissions de $CO_2$ sont dues à la combustion des énergies fossiles : pétrole, charbon, gaz naturel.

### L'AGRICULTURE

### LE CHAUFFAGE

### LES TRANSPORTS

### LA FABRICATION DES OBJETS DE CONSOMMATION

## 2/ LA TRANSITION ÉNERGÉTIQUE

Pour limiter cet effet de serre et les émissions de $CO_2$, il faut changer nos modes de vie, en utilisant notamment des énergies renouvelables.

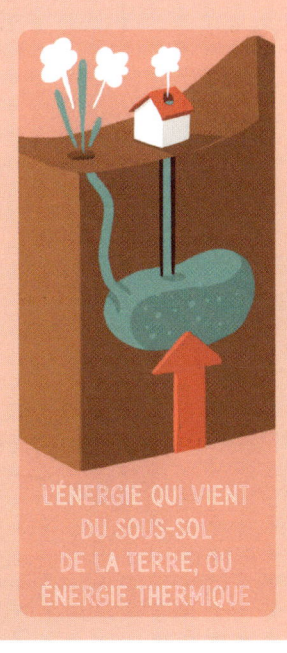

L'ÉNERGIE ÉOLIENNE, ISSUE DU VENT

L'ÉNERGIE SOLAIRE, PRODUITE PAR LE SOLEIL

L'ÉNERGIE QUI VIENT DU SOUS-SOL DE LA TERRE, OU ÉNERGIE THERMIQUE

L'ÉNERGIE HYDRAULIQUE, PRODUITE À PARTIR DE LA FORCE DE L'EAU

## 3/ OBJECTIF + 2 °C

### OÙ ?
PARIS 2015
COP 21

MAROC 2016
COP 22

### QUI ?
197 PAYS PARTICIPANTS

### QUOI ?
2 °C EN 2100

Réduire les émissions de gaz à effet de serre et limiter la hausse des températures à 2 °C en 2100.

# C'EST QUOI, LE CHANGEMENT CLIMATIQUE ???

UN CHANGEMENT CLIMATIQUE, C'EST QUAND LE CLIMAT D'UNE RÉGION OU DE LA PLANÈTE ENTIÈRE CHANGE POUR DES CENTAINES D'ANNÉES.

CHANGEMENT !

CE GENRE DE CHANGEMENT PEUT AVOIR UNE ORIGINE NATURELLE OU BIEN ÊTRE CAUSÉ PAR L'HOMME.

ENCORE LUI !

ACTUELLEMENT, NOUS VIVONS UNE PÉRIODE DE RÉCHAUFFEMENT CLIMATIQUE : LA TEMPÉRATURE MONTE SUR TERRE !

MAIS CE RÉCHAUFFEMENT EST NATUREL OU CAUSÉ PAR L'HOMME?

AUJOURD'HUI, LES SCIENTIFIQUES S'ACCORDENT À DIRE QU'IL EST DÛ À LA POLLUTION PRODUITE PAR L'HOMME.

NOUS REJETONS TROP DE GAZ À EFFET DE SERRE DANS L'ATMOSPHÈRE. CES GAZ, COMME LE $CO_2$ ISSU DES FUMÉES DES VOITURES, CAPTENT L'ÉNERGIE DU SOLEIL.

CETTE ÉNERGIE SE TRANSFORME EN CHALEUR, QUI RÉCHAUFFE L'ATMOSPHÈRE, PUIS L'ATMOSPHÈRE RÉCHAUFFE LES OCÉANS...

RÉSULTAT, LA MÉTÉO CHANGE, IL PLEUT ÉNORMÉMENT SUR CERTAINES RÉGIONS, ET D'AUTRES SUBISSENT DES SÉCHERESSES INHABITUELLES.

LES PÔLES SE RÉCHAUFFENT, LA GLACE FOND. LE NIVEAU DE L'EAU MONTE ET MENACE D'INONDER CERTAINES RÉGIONS DU GLOBE.

LES SOLUTIONS POUR LA PLANÈTE

ENFIN, CES CHANGEMENTS CLIMATIQUES ENTRAÎNENT AUSSI L'APPARITION DE PHÉNOMÈNES MÉTÉO VIOLENTS, COMME LES CYCLONES.

## POUR EN SAVOIR PLUS

- Pas plus de 2 °C, il vient d'où, cet objectif pour le climat ? p. 67
- C'est quoi, un réfugié climatique ? p. 73
- C'est quoi, la Conférence internationale des jeunes pour le climat ? p. 117

CES CHANGEMENTS, UNE FOIS LANCÉS, SONT TRÈS DIFFICILES À INVERSER. LES OCÉANS VONT METTRE DES CENTAINES D'ANNÉES À SE REFROIDIR, MÊME SANS POLLUTION.

ELLE EST BOUILLANTE AUJOURD'HUI !

ET LA POLLUTION A UNE LONGUE DURÉE DE VIE. LE $CO_2$, PAR EXEMPLE, MET 100 ANS À DISPARAÎTRE DE L'ATMOSPHÈRE.

$CO_2$

C'EST PARTI POUR 100 ANS

VOILÀ POURQUOI IL N'EST PLUS TEMPS DE SE DEMANDER SI L'HOMME EST RESPONSABLE DU CHANGEMENT CLIMATIQUE, MAIS BIEN DE RÉAGIR EN CHANGEANT NOTRE MODE DE VIE.

À PIED

# Pas plus de 2°C : il vient d'où, cet objectif pour le climat ???

Tous les chefs d'état se sont réunis à Paris fin novembre 2015 pour la COP 21, une conférence sur le climat.

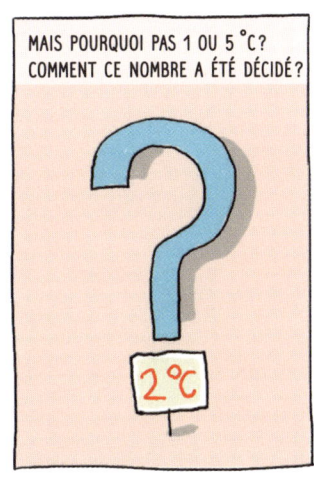

COP 21

Leur but ? Limiter le réchauffement de la Terre à 2 °C en 2100 par rapport à 1880, au début de l'ère industrielle.

2 DEGRÉS

Mais pourquoi pas 1 ou 5 °C ? Comment ce nombre a été décidé ?

2°C

LES SOLUTIONS POUR LA PLANÈTE

UNE PARTIE DE LA CHALEUR QUE NOUS ENVOIE LE SOLEIL EST ABSORBÉE PAR NOTRE PLANÈTE, ET UNE AUTRE EST RENVOYÉE DANS L'ESPACE.

LE SOUCI, C'EST QUE LES USINES, L'AGRICULTURE ET LES TRANSPORTS FABRIQUENT DES GAZ QUI EMPRISONNENT LA CHALEUR AUTOUR DE LA TERRE : C'EST L'« EFFET DE SERRE ».

LA MOYENNE DES TEMPÉRATURES DES CONTINENTS ET DES OCÉANS SUR UN AN EST AUJOURD'HUI DE 15 °C.

**15 °C**

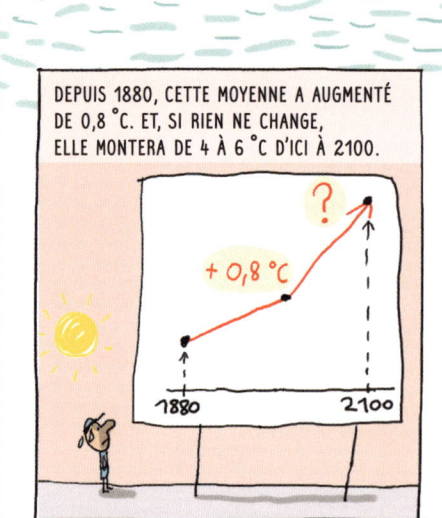

DEPUIS 1880, CETTE MOYENNE A AUGMENTÉ DE 0,8 °C. ET, SI RIEN NE CHANGE, ELLE MONTERA DE 4 À 6 °C D'ICI À 2100.

LES RESPONSABLES POLITIQUES ONT DONC DÉCIDÉ DE FIXER UNE LIMITE À 2 °C. MÊME SI CERTAINS TROUVENT QUE C'EST ENCORE TROP.

**PAS PLUS DE 2°C**

EN FAIT, LES SCIENTIFIQUES PENSENT QU'AU-DESSOUS DE 2 °C LES HUMAINS ET LES ANIMAUX POURRONT S'ADAPTER. AU-DELÀ, CE SERA PLUS COMPLIQUÉ...

CERTAINES CONSÉQUENCES SEMBLENT DÉJÀ INÉVITABLES : PLUS DE CANICULES, DE SÉCHERESSES, MAIS AUSSI DE TEMPÊTES ET D'INONDATIONS.

IL S'AGIT DONC D'ÉVITER DES BOULEVERSEMENTS ENCORE PLUS IMPORTANTS.

MAIS, ARRÊTER LE RÉCHAUFFEMENT, C'EST DUR : IL FAUT CHANGER NOTRE MANIÈRE DE FABRIQUER, DE MANGER, DE NOUS DÉPLACER.

HALTE AU RÉCHAUFFEMENT

2 °C, ÇA TE PARAÎT PEU ? POURTANT, QUAND TU AS 39 DE TEMPÉRATURE AU LIEU DE 37, TU SENS QUE TU ES MALADE. C'EST PAREIL POUR LA PLANÈTE !

ALLÔ, DOCTEUR ?

PAS PLUS DE 2 °C : IL VIENT D'OÙ, CET OBJECTIF POUR LE CLIMAT ?

69

LES SOLUTIONS POUR LA PLANÈTE

# POURQUOI IL FAUT PROTÉGER LES OCÉANS ? ? ?

PLUS DE LA MOITIÉ DE LA PLANÈTE EST RECOUVERTE PAR LES OCÉANS.

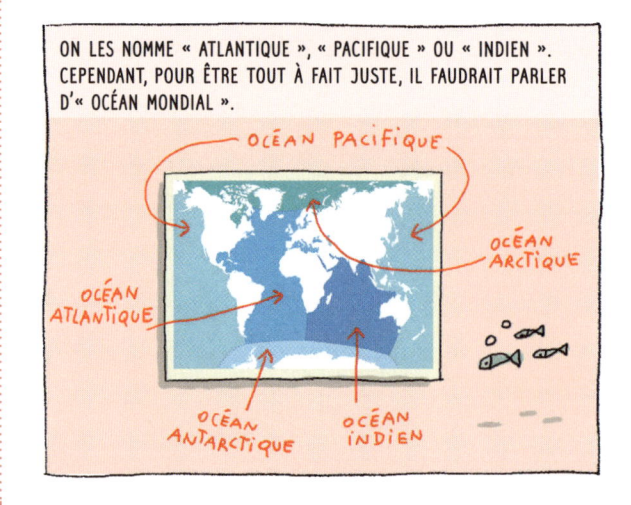

ON LES NOMME « ATLANTIQUE », « PACIFIQUE » OU « INDIEN ». CEPENDANT, POUR ÊTRE TOUT À FAIT JUSTE, IL FAUDRAIT PARLER D'« OCÉAN MONDIAL ».

OCÉAN PACIFIQUE
OCÉAN ARCTIQUE
OCÉAN ATLANTIQUE
OCÉAN ANTARCTIQUE
OCÉAN INDIEN

CAR TOUS LES OCÉANS SONT LIÉS, PARTAGEANT DES COURANTS MARINS QUI FONT LE TOUR DE LA PLANÈTE.

LES COURANTS MARINS

MAIS QUELS DANGERS MENACENT L'OCÉAN ?

D'ABORD, IL FAUT SAVOIR QUE L'OCÉAN ABRITE DES RESSOURCES NATURELLES DE GRANDE VALEUR, COMME DU POISSON OU DU PÉTROLE.

*JE SUIS RICHE*

CERTAINES ENTREPRISES PUISENT TROP DANS CES RÉSERVES OU POLLUENT ÉNORMÉMENT QUAND ELLES LE FONT.

DE PLUS, L'ESSENTIEL DU TRANSPORT DE MARCHANDISES EST FAIT PAR D'ÉNORMES BATEAUX QUI PARCOURENT LES OCÉANS, CAUSANT ENCORE DAVANTAGE DE POLLUTION.

ENFIN, LES CHANGEMENTS CLIMATIQUES PERTURBENT L'ÉQUILIBRE DE L'OCÉAN, CE QUI MET EN DANGER LES ANIMAUX QUI Y VIVENT.

LES SOLUTIONS POUR LA PLANÈTE

OR L'OCÉAN MONDIAL N'EST PAS SEULEMENT ESSENTIEL POUR LES ANIMAUX MARINS, IL EST ESSENTIEL POUR TOUTE LA PLANÈTE.

*MERCI, L'OCÉAN !*

L'OCÉAN PRODUIT LA MOITIÉ DE L'OXYGÈNE DU GLOBE. À SA SURFACE VIVENT DES ALGUES MICROSCOPIQUES QUI CAPTURENT LE $CO_2$ ET REJETTENT DE L'OXYGÈNE.

LA POLLUTION ET LE RÉCHAUFFEMENT CLIMATIQUE PERTURBENT CES ALGUES. QUI CAPTURENT MOINS DE $CO_2$. CE QUI AUGMENTE LE RÉCHAUFFEMENT CLIMATIQUE... ET AINSI DE SUITE.

CES ALGUES SONT AUSSI LA BASE DE L'ALIMENTATION DE MINUSCULES ANIMAUX QUI EUX-MÊMES ALIMENTENT DE PLUS GROS POISSONS. S'IL N'Y A PLUS D'ALGUES, IL N'Y A PLUS DE POISSONS.

TOUT EST LIÉ, COMME LES OCÉANS ENTRE EUX, ET COMME NOTRE VIE SUR LA PLANÈTE EST LIÉE À LA BONNE SANTÉ DES OCÉANS.

*PLUS D'ALGUES = PLUS DE POISSONS*

*L'OCÉAN, C'EST IMPORTANT*

# C'EST QUOI, UN RÉFUGIÉ CLIMATIQUE ?

Un réfugié est une personne obligée de quitter son logement et son pays parce qu'elle est danger.

DANGER

RÉFUGIÉ

Par exemple, cette personne cherche à fuir la guerre, ou bien des persécutions à cause de ses idées ou de sa religion.

Mais les réfugiés climatiques, eux, ils fuient quoi ?

EH BIEN, PAR EXEMPLE, LES HABITANTS DE CERTAINES ÎLES DU PACIFIQUE FUIENT LA MONTÉE DES EAUX.

AILLEURS, DES PAYSANS DOIVENT QUITTER LEURS TERRES PARCE QUE LES CHAMPS DISPARAISSENT À CAUSE DE LA SÉCHERESSE ET DE LA DÉSERTIFICATION.

RÉFUGIÉS CLIMATIQUES

LE DÉRÈGLEMENT CLIMATIQUE SE TRADUIT PAR DES TEMPÊTES TRÈS VIOLENTES QUI FORCENT LES GENS À PARTIR : ILS SONT AUSSI CONSIDÉRÉS COMME DES RÉFUGIÉS CLIMATIQUES.

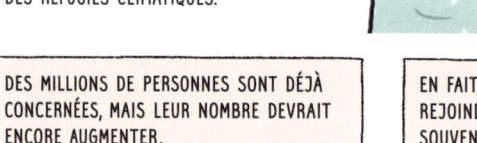

DES MILLIONS DE PERSONNES SONT DÉJÀ CONCERNÉES, MAIS LEUR NOMBRE DEVRAIT ENCORE AUGMENTER.

DES MILLIONS DE PERSONNES

EN FAIT, UNE PARTIE DES MIGRANTS QUI TENTENT DE REJOINDRE L'EUROPE SONT DÉJÀ DES RÉFUGIÉS CLIMATIQUES, SOUVENT VICTIMES DE LA SÉCHERESSE.

LIMITER LE RÉCHAUFFEMENT CLIMATIQUE, C'EST DONC LIMITER TOUTES CES CATASTROPHES QUI POUSSENT LES GENS À PARTIR.

PAS PLUS DE → 2°C
LIMITATION

IL S'AGIT SURTOUT DE RÉDUIRE L'UTILISATION DES ÉNERGIES POLLUANTES, COMME LE PÉTROLE OU LE CHARBON, QUI DÉRÈGLENT LE CLIMAT.

MOINS DE POLLUTION

ET DE LES REMPLACER PAR DES ÉNERGIES PROPRES, COMME L'ÉNERGIE SOLAIRE OU L'ÉNERGIE ÉOLIENNE, FOURNIE PAR LE VENT.

VIVE LA COP 21

LES CONFÉRENCES SUR LE CLIMAT NE SERVENT DONC PAS SEULEMENT À PROTÉGER LES ESPÈCES ANIMALES ET LA NATURE EN GÉNÉRAL.

VIVE NOUS

C'EST LA VIE DE CENTAINES DE MILLIONS DE FAMILLES DE PAR LE MONDE QUI EST EN JEU...

COP 21

## POUR EN SAVOIR PLUS

• C'est quoi, le changement climatique ? p. 64
• Pas plus de 2 °C : il vient d'où, cet objectif pour le climat ? p. 67

C'EST QUOI, UN RÉFUGIÉ CLIMATIQUE ?

LES SOLUTIONS POUR LA PLANÈTE

75

# C'est quoi, la couche d'ozone

L'ozone est un gaz naturellement présent dans l'atmosphère de la terre.

On le trouve à une distance comprise entre 20 et 40 kilomètres du sol. Pour se le représenter, on parle d'une « couche » d'ozone.

Son rôle est de stopper certains rayons très dangereux du soleil.

UltraViolets

LES SOLUTIONS POUR LA PLANÈTE

CETTE COUCHE D'OZONE EST DONC INDISPENSABLE À LA VIE ; À LA VIE DES HOMMES, DES ANIMAUX ET DES PLANTES.

MAIS TU AS PEUT-ÊTRE ENTENDU PARLER D'UN « TROU » DANS LA COUCHE D'OZONE ?

DEPUIS LES ANNÉES 1980, CHAQUE PRINTEMPS, DES SCIENTIFIQUES OBSERVENT UNE DIMINUTION DE LA MOITIÉ DE LA COUCHE D'OZONE AU-DESSUS DU PÔLE SUD.

À L'AUTOMNE, LA SITUATION REVIENT À LA NORMALE. LE NOM DONNÉ ALORS À CETTE MYSTÉRIEUSE DISPARITION EST « TROU ».

TROU

MAIS COMMENT CE « TROU » EST APPARU ?

LES SOLUTIONS POUR LA PLANÈTE

## C'EST QUOI, LA COUCHE D'OZONE ?

AVANT, POUR FAIRE FONCTIONNER LES RÉFRIGÉRATEURS OU LES BOMBES D'INSECTICIDE, ON UTILISAIT, SANS LE SAVOIR, DES PRODUITS CHIMIQUES TRÈS DANGEREUX POUR L'ATMOSPHÈRE.

CES PRODUITS SE TRANSFORMENT EN D'AUTRES SUBSTANCES CHIMIQUES, QUI DÉTRUISENT L'OZONE.

ET CETTE TRANSFORMATION A LIEU À DES TEMPÉRATURES INCROYABLEMENT FROIDES, COMME CELLES MESURÉES AUX PÔLES L'HIVER.

ELLE EST BONNE ?

DEVANT LA GRAVITÉ DE CE PHÉNOMÈNE, DE NOMBREUX PAYS ONT DÉCIDÉ D'AGIR. CES SUBSTANCES POLLUANTES ONT ÉTÉ INTERDITES DÈS 1987.

HA HA

BONNE NOUVELLE : LA COUCHE D'OZONE EST EN TRAIN DE SE RÉPARER. SELON LES SCIENTIFIQUES, ELLE POURRAIT ÊTRE COMPLÈTEMENT GUÉRIE EN 2050.

# C'EST QUOI, LE GAZ DE SCHISTE ???

LE GAZ DE SCHISTE EST UN GAZ NATUREL PRÉSENT DANS LE SOUS-SOL DE LA TERRE.

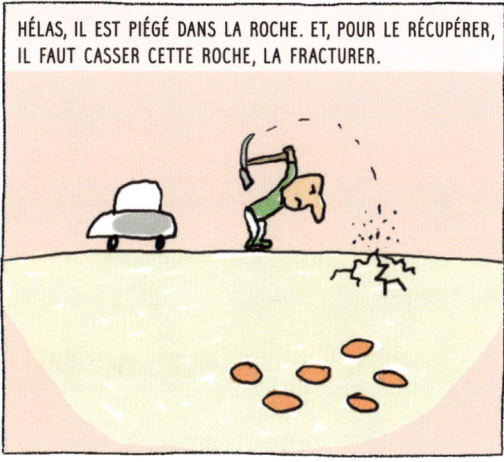

---

CE GAZ EST UNE SOURCE D'ÉNERGIE QUI A BEAUCOUP DE VALEUR, UN PEU COMME LE PÉTROLE.

JE SUIS RICHE !

---

HÉLAS, IL EST PIÉGÉ DANS LA ROCHE. ET, POUR LE RÉCUPÉRER, IL FAUT CASSER CETTE ROCHE, LA FRACTURER.

COMMENT ON FRACTURE LA ROCHE ?
UN PUITS EN FORME DE « L » EST CREUSÉ À PLUS DE 1 500 MÈTRES DE PROFONDEUR. LÀ OÙ SE TROUVE LA ROCHE CONTENANT LE GAZ DE SCHISTE.
SCHISTE
PUIS ON INJECTE UN MÉLANGE D'EAU, DE SABLE ET DE PRODUITS CHIMIQUES SOUS PRESSION. ÇA FISSURE LA ROCHE : C'EST LA « FRACTURATION ».
EAU
SABLE
PRODUITS CHIMIQUES
GAZ
LES GRAINS DE SABLE SONT PIÉGÉS DANS LES FISSURES QUI RESTENT OUVERTES. LE GAZ EST ALORS LIBÉRÉ : IL CIRCULE DANS CES FISSURES. ON PEUT COMMENCER À LE POMPER.
JE SUIS RICHE !
GAZ
LE PUITS FOURNIT DU GAZ DURANT QUELQUES ANNÉES. ENSUITE, IL FAUT RECOMMENCER LA FRACTURATION.
ON RECOMMENCE !
SUPER-RICHE
MAIS POURQUOI ON ENTEND AUTANT PARLER DU GAZ DE SCHISTE ?
GAZ
DE
SCHISTE
JOURNAL

PARCE QUE CETTE NOUVELLE SOURCE D'ÉNERGIE REND LE PÉTROLE MOINS ESSENTIEL. ACTUELLEMENT, TOUS LES PAYS ONT BESOIN DE PÉTROLE. OR PEU DE PAYS EN POSSÈDENT.

*J'AI PLEIN DE PÉTROLE, ET PAS TOI !*

AVEC LE GAZ DE SCHISTE, UN PAYS COMME LES ÉTATS-UNIS OU LA FRANCE N'AURAIT ALORS PLUS BESOIN D'ALLER ACHETER DU PÉTROLE TRÈS CHER À L'ÉTRANGER.

C'EST GÉNIAL ? PAS TANT QUE ÇA EN FAIT. CAR CETTE TECHNIQUE SERAIT TRÈS POLLUANTE SELON LES ÉCOLOGISTES.

ELLE CONSOMME BEAUCOUP D'EAU, QUI, UNE FOIS UTILISÉE, DEVIENT TOXIQUE. EN CAS D'INCIDENT, ELLE PEUT S'INFILTRER DANS LE SOL ET LE POLLUER POUR LONGTEMPS.

ÉCONOMISER BEAUCOUP D'ARGENT OU PROTÉGER LA NATURE D'UNE NOUVELLE SOURCE DE POLLUTION ? UN CHOIX COMPLIQUÉ POUR CHAQUE PAYS DU MONDE.

C'EST QUOI, LE GAZ DE SCHISTE ?

LES SOLUTIONS POUR LA PLANÈTE

# POURQUOI ON DOIT FAIRE ATTENTION À CE QU'ON MANGE

AVANT QUE L'HOMME NE VIVE DANS DE JOLIES MAISONS AVEC DES FRIGOS PLEINS, IL ÉTAIT CHASSEUR-CUEILLEUR.

C'EST-À-DIRE QUE L'HOMME PRÉHISTORIQUE SE NOURRISSAIT DE RACINES, DE BAIES ET DE VIANDE.

AUTANT DIRE QUE, LES SODAS, LES GLACES ET LES PIZZAS, IL N'EN AVAIT PAS. C'EST AU FIL DES SIÈCLES QUE NOTRE ALIMENTATION A CHANGÉ.

**MAIS ON MANGE BIEN MIEUX MAINTENANT, NON ?**

**OUI, CAR L'AGRICULTURE A PERMIS D'AVOIR PLUS DE LÉGUMES, DE CÉRÉALES, DE VIANDE ET DE PRODUITS LAITIERS. ET, ÇA, C'EST BIEN.**

LÉGUMES — CÉRÉALES — MEUH — VIANDE — LAIT

**MAIS L'AGRICULTURE A AUSSI PERMIS DE PRODUIRE PLUS DE SUCRES ET DE GRAS. ET, DEPUIS 100 ANS, ON MANGE DE PLUS EN PLUS DE PRODUITS INDUSTRIELS.**

**CES ALIMENTS PRODUITS DANS DES USINES, COMME LES BISCUITS OU LES CHIPS, CONTIENNENT SOUVENT PLUS DE SUCRES ET DE GRAISSES QU'IL NE FAUDRAIT.**

POMMES DE TERRE — GRAISSE — SUCRE — CHIPS

**POURQUOI ? MAIS NOTRE CORPS ADORE ÇA ! CE CORPS DE CHASSEUR-CUEILLEUR EST FOU DE PLAISIR DEVANT CES ALIMENTS, QU'IL N'AURAIT JAMAIS CROISÉS DANS LA NATURE.**

I ♥ GRAS + SUCRE
CHIPS

**IL EN REDEMANDE. ET LES PROFESSIONNELS DE L'ALIMENTATION LE SAVENT. ILS AJOUTENT DU SUCRE DANS TOUT UN TAS D'ALIMENTS, MÊME SALÉS.**

SUCRE — MIAM — CHIPS SALÉES

LES SOLUTIONS POUR LA PLANÈTE

CETTE ALIMENTATION PEU NATURELLE FINIT PAR FAIRE GROSSIR CEUX QUI LA MANGENT. ILS SONT EN SURPOIDS, VOIRE PARFOIS OBÈSES.

ET C'EST TRÈS DANGEREUX POUR LE CORPS. ÇA ABÎME LES ARTICULATIONS, FATIGUE LE CŒUR ET AUGMENTE LES RISQUES DE MALADIES.

VOILÀ POURQUOI IL NE FAUT PAS MANGER TROP GRAS OU TROP SUCRÉ. HÉLAS, LES ALIMENTS INDUSTRIELS SONT PEU CHERS ET FACILES À MANGER RAPIDEMENT.

CONTRAIREMENT AUX ALIMENTS DE MEILLEURE QUALITÉ, QUI CONTIENNENT CES GOÛTS DANS DES QUANTITÉS LIMITÉES MAIS ADAPTÉES À NOTRE CORPS PRÉHISTORIQUE.

### POUR EN SAVOIR PLUS

- C'est quoi, le bio ? p. 85
- C'est quoi, un OGM ? p. 88

# C'EST QUOI, LE BIO ❓❓❓

SUR LE MENU DE TA CANTINE, TU VOIS PEUT-ÊTRE ÉCRIT
« PAIN BIO » OU « POMME BIO ».

ET TU RETROUVES MÊME CE MOT SUR DES PRODUITS DE BEAUTÉ OU DES PRODUITS D'ENTRETIEN.

SUR LES EMBALLAGES DE PRODUITS ALIMENTAIRES, TU PEUX AUSSI LIRE LE SIGLE « AB », QUI SIGNIFIE « AGRICULTURE BIOLOGIQUE ».

MAIS ÇA VEUT DIRE QUOI, « AGRICULTURE BIOLOGIQUE » ?

L'AGRICULTURE BIOLOGIQUE EST UNE FAÇON DE CULTIVER LA TERRE QUI RESPECTE LA NATURE ET FOURNIT DES ALIMENTS BONS POUR LA SANTÉ.

LES AGRICULTEURS FONT POUSSER DES PLANTES ADAPTÉES À LA SAISON, AU CLIMAT, ET LES CUEILLENT AU BON MOMENT.

ILS N'UTILISENT PAS DE PRODUITS CHIMIQUES POLLUANTS POUR ENLEVER LES MAUVAISES HERBES OU TUER LES INSECTES, MAIS DES MÉTHODES NATURELLES.

COMME LES COCCINELLES, QUI MANGENT LES PUCERONS ; OU BIEN DU COMPOST, UN MÉLANGE DE DÉCHETS VÉGÉTAUX, QUI REND LES SOLS PLUS RICHES.

LES ANIMAUX D'ÉLEVAGE VIVENT DANS DE BONNES CONDITIONS : LES POULES NE SONT PAS ÉLEVÉES EN CAGE SOUS DES HANGARS...

... MAIS ELLES GAMBADENT EN PLEIN AIR COMME LES VACHES, QUI BROUTENT DANS LES PÂTURAGES EN PLEINE NATURE. LE BIO, ÇA PARAÎT IDÉAL...

... MAIS EST-CE QUE C'EST VRAIMENT SI FORMIDABLE ? IL Y A DE PLUS EN PLUS DE PRODUITS BIO DANS LES SUPERMARCHÉS, MAIS AUSSI DE PLUS EN PLUS DE QUESTIONS...

AINSI, EN FRANCE, ON TROUVE AUJOURD'HUI DES ALIMENTS BIO CULTIVÉS LOIN, À L'ÉTRANGER, PAR DES OUVRIERS AGRICOLES MAL PAYÉS QUI TRAVAILLENT TRÈS DUR.

TOUT ÇA POUR FAIRE BAISSER LES PRIX, CAR LE BIO RESTE CHER À PRODUIRE ! ET ACHETER DES PRODUITS BIO EST ENCORE INACCESSIBLE POUR DE NOMBREUSES PERSONNES.

# C'EST QUOI, UN OGM ? ? ?

UN OGM, C'EST UN ORGANISME GÉNÉTIQUEMENT MODIFIÉ.

**O**rganisme
**G**énétiquement
**M**odifié

UN ORGANISME, C'EST UN ÊTRE VIVANT : UNE PLANTE, UN CHAMPIGNON, UN CHAT... TOI !

MAIS ALORS ÇA VEUT DIRE QUOI, « GÉNÉTIQUEMENT MODIFIÉ » ?

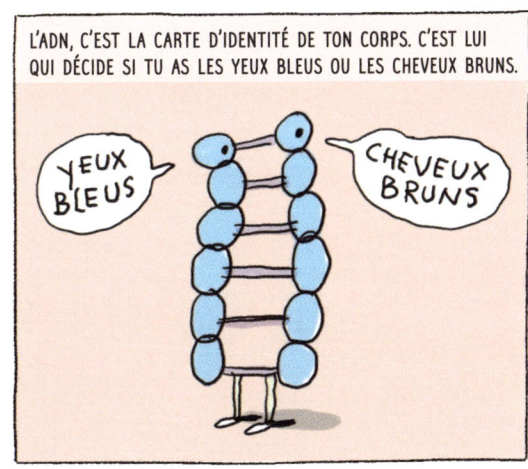

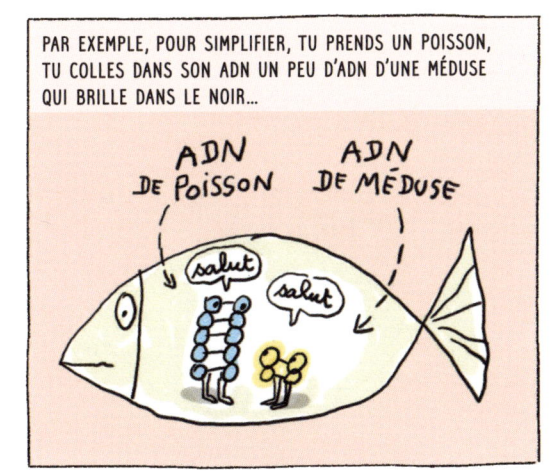

C'EST QUAND UN BIOLOGISTE VA TRANSFORMER L'ADN DE CET ÊTRE VIVANT.

L'ADN, C'EST LA CARTE D'IDENTITÉ DE TON CORPS. C'EST LUI QUI DÉCIDE SI TU AS LES YEUX BLEUS OU LES CHEVEUX BRUNS.

PAR EXEMPLE, POUR SIMPLIFIER, TU PRENDS UN POISSON, TU COLLES DANS SON ADN UN PEU D'ADN D'UNE MÉDUSE QUI BRILLE DANS LE NOIR…

… ET, TADAM, TU AS UN POISSON QUI BRILLE DANS LE NOIR !

BON D'ACCORD, ÇA, CE N'EST PAS TRÈS UTILE. MAIS, MAINTENANT, IMAGINE UNE PLANTE QUI RÉSISTERAIT AUX ATTAQUES D'INSECTES.

ÇA EXISTE ! LES BIOLOGISTES ONT CRÉÉ UN MAÏS QUI FABRIQUE TOUT SEUL UN PRODUIT TOXIQUE CONTRE LES INSECTES.

LES SOLUTIONS POUR LA PLANÈTE

AINSI, LES AGRICULTEURS QUI CULTIVENT CE MAÏS ONT MOINS BESOIN DE PULVÉRISER D'INSECTICIDES ET RÉCOLTENT PLUS DE MAÏS.
AVEC OGM
SANS OGM
MAIS ALORS POURQUOI LES OGM SONT INTERDITS EN FRANCE ?
NON
DÉJÀ, PARCE QU'ON N'EST PAS SÛRS À 100 % QUE LES OGM SONT SANS DANGER POUR NOTRE ALIMENTATION.
?
ENSUITE, PARCE QUE CES ORGANISMES PEUVENT AUSSI PERTURBER L'ÉQUILIBRE DE LA NATURE.
MIAM
PAR EXEMPLE, LES INSECTES POURRAIENT DEVENIR PLUS RÉSISTANTS FACE AU MAÏS OGM, ET DONC PLUS DANGEREUX POUR LES AUTRES PLANTES.
AU SECOURS !
DU COUP, EN FRANCE, ON PRÉFÈRE ATTENDRE D'EN SAVOIR PLUS SUR LES OGM AVANT D'EN METTRE DANS NOS CHAMPS.
OGM
OGM
OGM
OGM

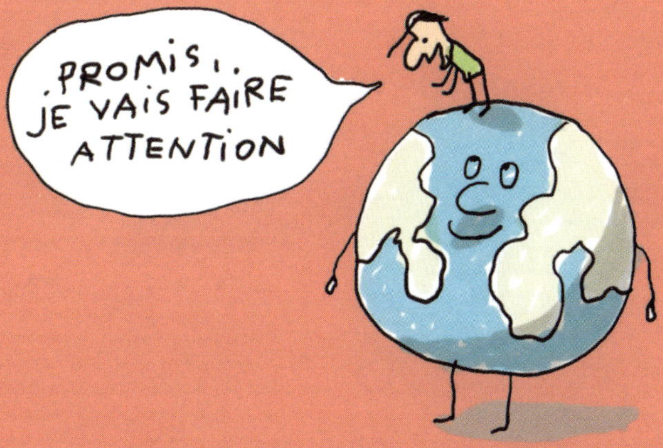
PROMIS, JE VAIS FAIRE ATTENTION

# CHAPITRE 4
## LES SOLUTIONS POUR LA PLANÈTE

**20 %** DE LA POPULATION MONDIALE SE PARTAGE **80 %** DES RESSOURCES NATURELLES DE LA PLANÈTE.

### LE DÉVELOPPEMENT DURABLE

L'idée est de mieux partager les richesses naturelles et d'associer la protection de l'environnement au progrès social.

### RÉDUIRE LES GAZ À EFFET DE SERRE

**1997**
PROTOCOLE DE KYOTO

Les pays se mettent d'accord pour réduire les émissions de gaz à effet de serre.

**2015**
CONFÉRENCE SUR LE CLIMAT DE PARIS (COP 21)

L'objectif est de limiter la hausse des températures à 2 °C.

### AGENDA 21

L'Agenda 21, ou Agenda pour le XXIe siècle, est né en 1992 au Sommet de la Terre, à Rio. Le but ? Fixer des objectifs pour protéger la biodiversité et lutter contre le changement climatique.

## BONNES NOUVELLES

### INTERDICTION DES SACS PLASTIQUE

Depuis juillet 2016, les sacs plastique sont interdits dans les supermarchés.

### HALTE AU GASPILLAGE ALIMENTAIRE

Les grandes surfaces n'ont plus le droit de jeter la nourriture non vendue.

# TOI AUSSI, TU PEUX AGIR

## À LA MAISON, TU TRIES LES DÉCHETS.

Épluchures de légumes, papier, verre, plastique, métaux, piles... À chaque déchet sa poubelle.

Le tri sélectif permet de **RECYCLER** les matières pour fabriquer de nouveaux objets sans piocher dans les ressources de la planète.

## TU ÉCONOMISES L'EAU.

Couper le robinet quand tu te laves les dents,

prendre une douche plutôt qu'un bain.

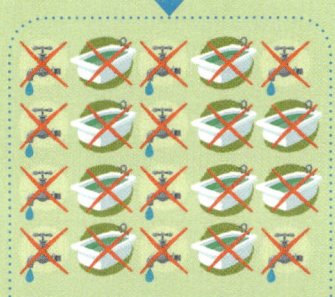

Ça n'a l'air de rien, mais, si tout le monde le fait, ça permet d'éviter le GASPILLAGE.

## TU SOUTIENS LE COMMERCE ÉQUITABLE.

En achetant des produits issus du commerce équitable,

tu soutiens les paysans pauvres.

Le commerce équitable veille à payer les producteurs au juste prix. Et ce sont souvent des produits de meilleure qualité.

# C'EST QUOI, UN ÉCOLOGISTE ❓❓❓

UN ÉCOLOGISTE EST UNE PERSONNE QUI VEUT PROTÉGER LA NATURE ET SAUVEGARDER LES ESPÈCES VIVANTES.

POUR DÉFENDRE SES IDÉES, L'ÉCOLOGISTE MÈNE DIFFÉRENTES ACTIONS.

PAR EXEMPLE, TRIER SES DÉCHETS...

... PARTICIPER AUX RÉUNIONS D'UNE ASSOCIATION DE PROTECTION DE L'ENVIRONNEMENT...

... OU S'ENGAGER DANS UN PARTI POLITIQUE QUI PARTAGE SES CONVICTIONS.

CAR NOTRE PLANÈTE EST FRAGILE, ET SES RESSOURCES SONT LIMITÉES : ELLE A BESOIN D'ÊTRE PROTÉGÉE.

PARTOUT DANS LE MONDE, DES PARTIS ÉCOLOGISTES SE SONT DONC ORGANISÉS POUR DÉFENDRE L'ENVIRONNEMENT LORS DES DÉCISIONS POLITIQUES.

CES PARTIS POLITIQUES ONT ENCORE DU MAL À SE FAIRE ENTENDRE : DUR DUR DE CHANGER NOS HABITUDES !

MAIS, TU L'AS COMPRIS, ON PEUT AUSSI ÊTRE « ÉCOLO » AU QUOTIDIEN, AVEC DES GESTES SIMPLES.

LES GRANDS DÉFIS POUR LA PLANÈTE

# POURQUOI IL FAUT ÉCONOMISER L'EAU

**? ? ?**

L'EAU DOUCE EST INDISPENSABLE À LA VIE SUR NOTRE PLANÈTE.

EAU = VIE

ON EN A BESOIN POUR VIVRE, POUR SE LAVER, ET SURTOUT, MÊME SI ÇA NE SE VOIT PAS, POUR PRODUIRE NOTRE NOURRITURE, NOS VÊTEMENTS ET TOUS LES OBJETS QUI NOUS ENTOURENT.

MAIS LA QUANTITÉ D'EAU DISPONIBLE EST LIMITÉE, ALORS QUE LES BESOINS SONT TOUJOURS PLUS IMPORTANTS.

ENCORE

ALORS, COMMENT FAIRE POUR ÉCONOMISER L'EAU ?

CHAQUE FRANÇAIS CONSOMME 150 LITRES D'EAU PAR JOUR EN MOYENNE.

L'EAU COULE DU ROBINET QUAND TU TE BROSSES LES DENTS, QUAND TU TE LAVES LES MAINS, QUAND TU TE DOUCHES, OU QUAND TU TIRES LA CHASSE D'EAU.

TU PEUX L'ÉCONOMISER EN FERMANT SIMPLEMENT LE ROBINET LE TEMPS QUE TU TE SAVONNES LE CORPS, LES CHEVEUX OU QUE TU TE BROSSES LES DENTS.

AVEC UNE DOUCHE DE 5 MINUTES, TU UTILISES 80 LITRES D'EAU, CONTRE 160 LITRES POUR UN BAIN. UN CHOIX FACILE À FAIRE POUR RÉDUIRE TA CONSOMMATION D'EAU !

LES GRANDS DÉFIS POUR LA PLANÈTE

MAIS, LE PLUS ÉTONNANT, C'EST QUE TU FERAS LES PLUS GROSSES ÉCONOMIES EN EAU EN MANGEANT MOINS DE VIANDE ET EN CONSOMMANT DES FRUITS ET LÉGUMES DE SAISON.

CAR, POUR PRODUIRE NOTRE NOURRITURE, D'ÉNORMES QUANTITÉS D'EAU SONT NÉCESSAIRES.

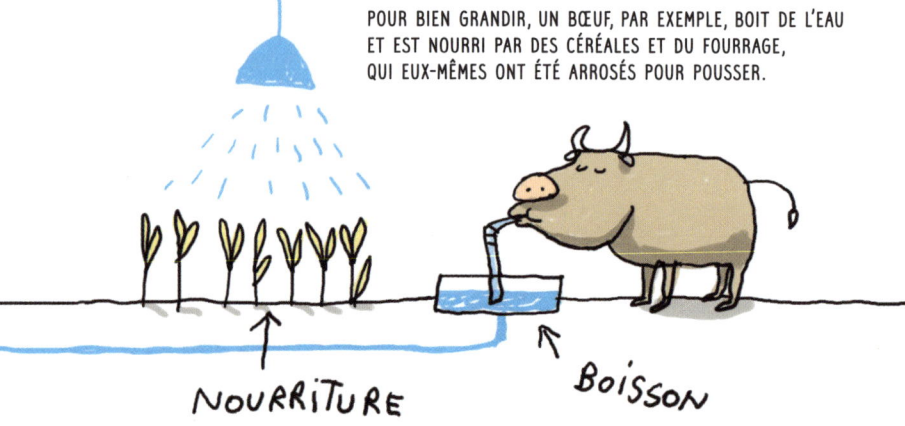

MIAM

POUR BIEN GRANDIR, UN BŒUF, PAR EXEMPLE, BOIT DE L'EAU ET EST NOURRI PAR DES CÉRÉALES ET DU FOURRAGE, QUI EUX-MÊMES ONT ÉTÉ ARROSÉS POUR POUSSER.

NOURRITURE     BOISSON

AINSI, IL FAUT 15 000 LITRES D'EAU POUR PRODUIRE 1 KILO DE BŒUF ! IL EN FAUT 3 000 POUR CULTIVER 1 KILO DE RIZ, ET 55 POUR 1 KILO DE TOMATES.

BŒUF — 15 000 LITRES
RIZ — 3 000 LITRES
TOMATES — 55 LITRES

TU COMPRENDS MAINTENANT POURQUOI, UNE BONNE FAÇON DE RÉDUIRE TA CONSOMMATION D'EAU, C'EST AUSSI D'ÉVITER LE GASPILLAGE ALIMENTAIRE !

MOINS D'EAU

MOINS DE GASPILLAGE

POURQUOI IL FAUT ÉCONOMISER L'EAU ?

LES GRANDS DÉFIS POUR LA PLANÈTE

98

# POURQUOI IL FAUT RÉDUIRE LES DÉCHETS

LES DÉCHETS, POUR TOI, C'EST MAGIQUE :
TU SORS LES POUBELLES LE SOIR, ET, AU PETIT MATIN, PLUS RIEN...

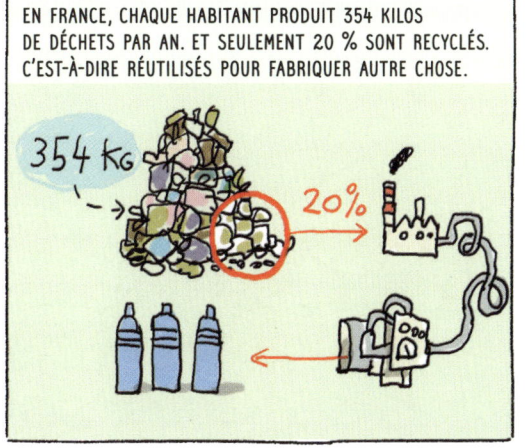

PLEIN

VIDE

POURTANT, UNE FOIS LES DÉCHETS COLLECTÉS, CE N'EST PAS SIMPLE DE S'EN DÉBARRASSER SANS POLLUER LA NATURE.

EN FRANCE, CHAQUE HABITANT PRODUIT 354 KILOS DE DÉCHETS PAR AN. ET SEULEMENT 20 % SONT RECYCLÉS. C'EST-À-DIRE RÉUTILISÉS POUR FABRIQUER AUTRE CHOSE.

MAIS ALORS QUE DEVIENT LE RESTE DES DÉCHETS ?

IL Y A DEUX PRINCIPALES FAÇONS DE TRAITER CES DÉCHETS : LE STOCKAGE OU L'INCINÉRATION.

36 % DES DÉCHETS RAMASSÉS SONT STOCKÉS DANS DES DÉCHETTERIES. GÉNÉRALEMENT, ILS SONT COMPACTÉS ET ENTERRÉS SOUS TERRE.

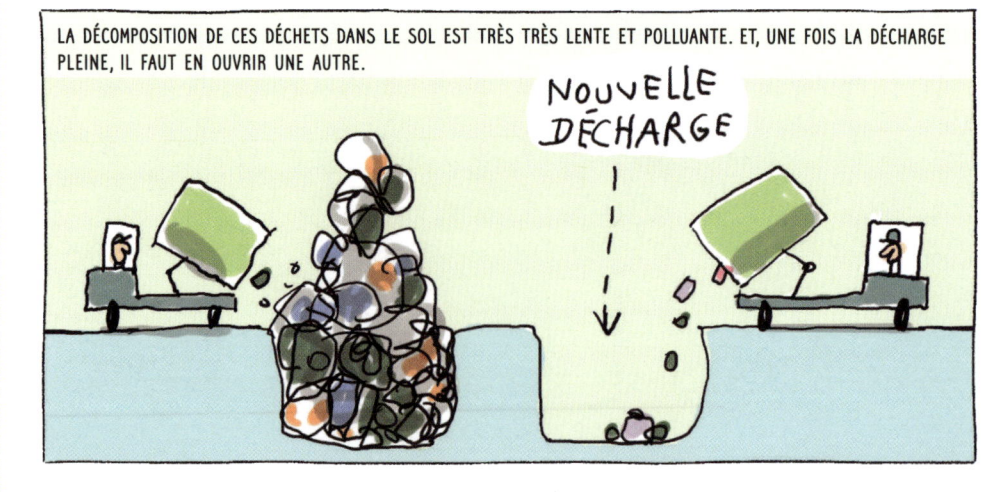

LA DÉCOMPOSITION DE CES DÉCHETS DANS LE SOL EST TRÈS TRÈS LENTE ET POLLUANTE. ET, UNE FOIS LA DÉCHARGE PLEINE, IL FAUT EN OUVRIR UNE AUTRE.

NOUVELLE DÉCHARGE

ENSUITE, 30 % DES DÉCHETS SONT INCINÉRÉS. C'EST-À-DIRE BRÛLÉS À TRÈS HAUTE TEMPÉRATURE.

100 TONNES DE DÉCHETS INCINÉRÉS SONT AINSI TRANSFORMÉES EN 30 TONNES DE MÂCHEFER : DES RÉSIDUS DE COMBUSTION UTILISÉS DANS LA FABRICATION DES ROUTES.

L'INCINÉRATION PERMET AUSSI DE PRODUIRE DE L'ÉNERGIE GRÂCE À LA CHALEUR. C'EST LA « VALORISATION DES DÉCHETS ».

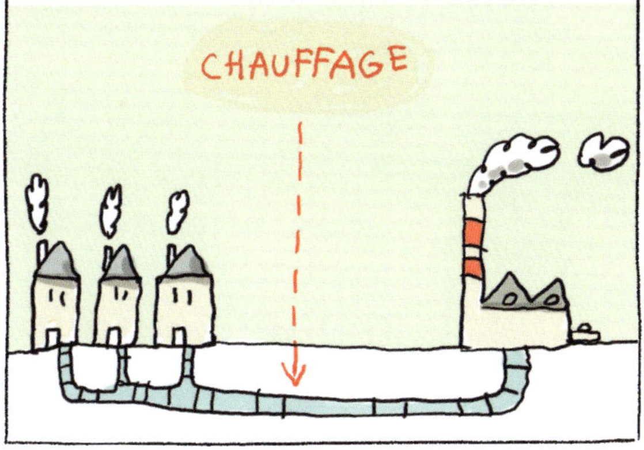


MAIS, POUR LANCER LA COMBUSTION, ON UTILISE DU GAZ OU DU FIOUL, ET LES FUMÉES DOIVENT ÊTRE TRAITÉES POUR MOINS POLLUER.

TU L'AS COMPRIS, DANS TOUS LES CAS LES DÉCHETS ONT UN IMPACT NÉGATIF SUR L'ENVIRONNEMENT. C'EST POUR ÇA QU'IL FAUT EN PRODUIRE MOINS.

COMMENT ? EN ACHETANT MIEUX : PAR EXEMPLE DU FROMAGE BLANC DANS UN GRAND POT PLUTÔT QU'EN PORTIONS INDIVIDUELLES, OU DES PRODUITS SANS EMBALLAGE.

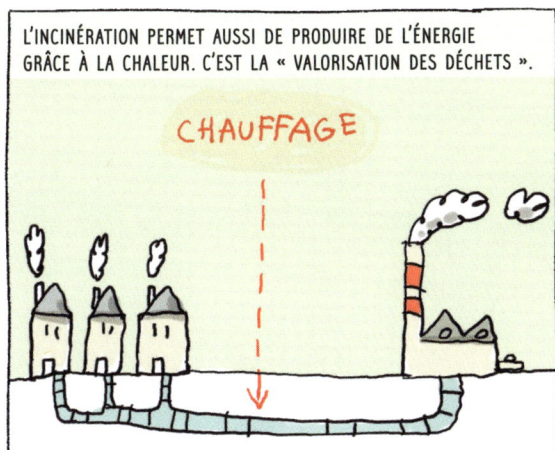

# C'EST QUOI, LE CHANGEMENT D'HEURE ? ? ?

LE CHANGEMENT D'HEURE, C'EST DEUX FOIS PAR AN :
LE DERNIER WEEK-END D'OCTOBRE ET LE DERNIER WEEK-END DE MARS.

EN OCTOBRE, DANS LA NUIT DE SAMEDI À DIMANCHE, À 3 HEURES, IL EST 2 HEURES.

−1 HEURE

ET EN MARS, TOUJOURS DANS LA NUIT DE SAMEDI À DIMANCHE, À 2 HEURES, IL EST 3 HEURES.

+1 HEURE

MAIS POURQUOI ON CHANGE D'HEURE ?

EN 1973-1974, LA FRANCE A CONNU UN CHOC PÉTROLIER. POUR FAIRE SIMPLE, LES FRANÇAIS ONT COMPRIS QU'IL FALLAIT ÉCONOMISER L'ÉNERGIE !

ALORS, DÈS 1975, LE GOUVERNEMENT A INSTAURÉ LE CHANGEMENT D'HEURE POUR SUIVRE LE RYTHME DU SOLEIL.

AINSI, LES FRANÇAIS SE LÈVENT AVEC SA LUMIÈRE NATURELLE. ILS CONSOMMENT MOINS D'ÉLECTRICITÉ POUR S'ÉCLAIRER.

COUCOU !

ON ESTIME QUE CE CHANGEMENT D'HEURE ÉCONOMISE L'ÉQUIVALENT DE 4 % DE LA CONSOMMATION TOTALE D'ÉCLAIRAGE DU PAYS.

MAIS, DEPUIS QUELQUES ANNÉES, CERTAINS FRANÇAIS DEMANDENT L'ARRÊT DE CES CHANGEMENTS D'HEURE.

STOP !

LES GRANDS DÉFIS POUR LA PLANÈTE

DÉJÀ, ILS PERTURBENT LE RYTHME DE SOMMEIL PENDANT ENVIRON TROIS SEMAINES, LE TEMPS DE S'HABITUER.

MAIS AUSSI ILS NE SERAIENT PAS SI ÉCONOMES.

EN EFFET, SI ON LANCE LE CHAUFFAGE UNE HEURE PLUS TÔT LE MATIN, ON GRIGNOTE LES ÉCONOMIES FAITES SUR L'ÉCLAIRAGE.

BREF, C'EST COMPLIQUÉ. D'AUTANT PLUS QUE LE CHOIX D'ARRÊTER OU DE CONTINUER CES CHANGEMENTS D'HEURE IMPLIQUE TOUS LES PAYS DE L'UNION EUROPÉENNE.

CAR, DEPUIS 1998, TOUS LES EUROPÉENS SE LÈVENT À LA MÊME HEURE… ET C'EST TOUJOURS TROP TÔT !

# C'EST QUOI, UNE ÉNERGIE DURABLE ? ? ?

L'ÉNERGIE, C'EST CE QUI FAIT FONCTIONNER LES MACHINES AUTOUR DE NOUS : LES VOITURES, LE CHAUFFAGE OU TA CONSOLE DE JEUX.

ÉNERGIE

ET, ANNÉE APRÈS ANNÉE, LA POPULATION MONDIALE EN CONSOMME TOUJOURS PLUS.

DU COUP, IL EST IMPORTANT DE TROUVER DES SOURCES D'ÉNERGIE DURABLES.

LES GRANDS DÉFIS POUR LA PLANÈTE

**MAIS C'EST QUOI, UNE SOURCE D'ÉNERGIE... DURABLE ?**

**C'EST UNE SOURCE QUI VA PRODUIRE DE L'ÉNERGIE LONGTEMPS, ET CE, SANS LAISSER AUX GÉNÉRATIONS FUTURES UN MONDE DÉGRADÉ.**

TOUT PROPRE

PAR EXEMPLE, LE PÉTROLE EST UNE ÉNERGIE TRÈS UTILISÉE. MAIS C'EST UNE ÉNERGIE POLLUANTE, ET DONT LE STOCK PLANÉTAIRE VA S'ÉPUISER.

PUITS DE PÉTROLE

LE DERNIER

**RÉSULTAT : LES HOMMES ET LES FEMMES DE DEMAIN N'AURONT PLUS DE PÉTROLE ET HÉRITERONT D'UNE ATMOSPHÈRE POLLUÉE ! DONC CE N'EST PAS UNE ÉNERGIE DURABLE.**

ZUT ALORS

PLOF   PLOF   PLOF

**PARMI LES ÉNERGIES DURABLES, IL Y A DES ÉNERGIES RENOUVELABLES COMME L'ÉNERGIE SOLAIRE, L'ÉNERGIE HYDRAULIQUE OU LE BOIS.**

CE SONT DES SOURCES D'ÉNERGIE DONT LES RÉSERVES NE SONT PAS LIMITÉES.

ÇA NE S'ARRÊTERA JAMAIS

DANS LES ÉNERGIES DURABLES, ON TROUVE AUSSI DES ÉNERGIES VERTES, DES ÉNERGIES QUI NE POLLUENT PAS, COMME LES ÉOLIENNES.

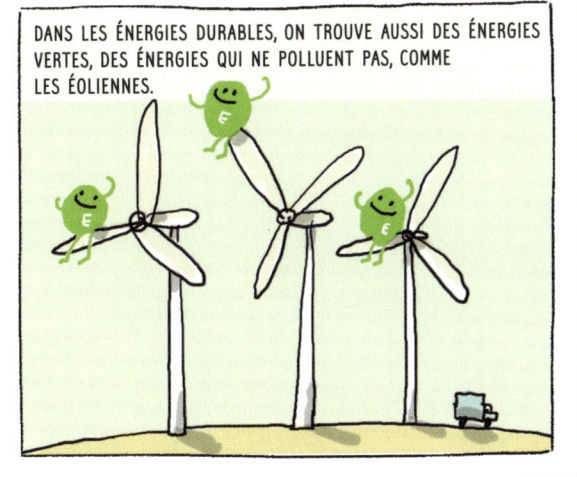

ATTENTION ! UNE ÉNERGIE RENOUVELABLE N'EST PAS FORCÉMENT VERTE. PAR EXEMPLE, BRÛLER DU BOIS, ÇA POLLUE, MÊME SI ON PEUT FAIRE REPOUSSER DES ARBRES.

OUI, MAIS, TOI, TU POLLUES

ACTUELLEMENT, LES SCIENTIFIQUES CHERCHENT À AMÉLIORER LA PRODUCTION D'ÉNERGIE EN TRANSFORMANT DES ÉNERGIES NON DURABLES EN ÉNERGIES DURABLES.

MAIS, LA MEILLEURE FAÇON DE PRÉSERVER NOTRE PLANÈTE, C'EST AVANT TOUT DE CONSOMMER MOINS D'ÉNERGIE...

UN PEU DE REPOS

SUPER !

C'EST QUOI, UNE ÉNERGIE DURABLE ?

107

LES GRANDS DÉFIS POUR LA PLANÈTE

# Comment se déplacer sans polluer

Aujourd'hui, dans les grandes villes, plus de 6 déplacements sur 10 se font en voiture. Ça bouchonne et ça klaxonne !

Or, une voiture rejette 4 fois plus de $CO_2$ qu'un bus dans l'air que nous respirons. Et, là, ça toussote...

Est-ce qu'il faut alors continuer à privilégier l'usage de la voiture ?

PAS SÛR, QUAND ON SAIT QUE LE VÉLO EST LE MODE DE DÉPLACEMENT LE PLUS RAPIDE DANS LES GRANDES VILLES, AVEC 15 KILOMÈTRES/HEURE EN MOYENNE CONTRE 14 POUR LA VOITURE.

ET 9 TRAJETS POUR L'ÉCOLE SUR 10 NE FONT PAS PLUS DE 1 KILOMÈTRE, SOIT SEULEMENT 10 MINUTES À PIED !

MARCHE, ROLLER, VÉLO : AUTANT DE MODES DE DÉPLACEMENT QUI NE DÉGAGENT PAS DE $CO_2$... SAUF UN TOUT PETIT PEU DE SUEUR !

AVEC LE PRINCIPE DU PÉDIBUS, PAR EXEMPLE, LES ÉLÈVES SE RENDENT À PIED DE LEUR DOMICILE À LEUR ÉCOLE, ENCADRÉS PAR DES ADULTES.

DE PLUS EN PLUS DE VILLES INSTALLENT DES STATIONS DE VÉLOS EN LOCATION : DES MILLIERS DE VÉLOS SONT MIS À DISPOSITION DES CITADINS.

LES GRANDS DÉFIS POUR LA PLANÈTE

À PARIS, CES STATIONS PROPOSENT MÊME DES BICYCLETTES ADAPTÉES À LA TAILLE DES 2-8 ANS...

POUR DES TRAJETS PLUS LONGS, LES VOITURES ÉLECTRIQUES SONT UNE OPTION MOINS POLLUANTE. CERTAINES POURRONT CARRÉMENT ÊTRE RECHARGÉES PAR PANNEAUX SOLAIRES !

DANS LES ZONES ISOLÉES, ON PEUT FAIRE VENIR UN MINIBUS EN BAS DE CHEZ SOI POUR LE PRIX D'UN TICKET : C'EST LE « TRANSPORT À LA DEMANDE ».

TRANSPORT À LA DEMANDE

**POUR EN SAVOIR PLUS**
- Elle ressemblera à quoi, la voiture de demain ? p. 111

SINON, EMBARQUER DES PASSAGERS EN COVOITURAGE, PLUTÔT QUE D'UTILISER CHACUN SA VOITURE, PERMET DE LIMITER SES ÉMISSIONS DE $CO_2$.

ET, DERNIÈRE IDÉE EN DATE POUR MOINS POLLUER : L'AUTOPARTAGE, QUI CONSISTE À LOUER SA VOITURE À D'AUTRES CONDUCTEURS QUAND ON N'EN A PAS BESOIN !

# ELLE RESSEMBLERA À QUOI, LA VOITURE DE DEMAIN ❓❓❓

LA VOITURE, QUELLE HISTOIRE ! DEPUIS QU'ELLE EXISTE, LES CONSTRUCTEURS ONT DÉPLOYÉ UNE IMAGINATION SANS LIMITES POUR L'AMÉLIORER...

... ET LA RENDRE PLUS RAPIDE, PLUS SPACIEUSE, MOINS DANGEREUSE OU ENCORE MINIATURE !

AUJOURD'HUI, ON SE DEMANDE SURTOUT COMMENT FAIRE UNE VOITURE PLUS PROPRE, OU PLUS ÉCOLO SI TU PRÉFÈRES.

NORMAL : IL Y A DÉSORMAIS UN MILLIARD DE VOITURES QUI ROULENT DANS LE MONDE. ET, LA VOITURE, ÇA POLLUE.

MAIS COMMENT ON FAIT POUR RENDRE UNE VOITURE PLUS PROPRE ?

LA MAJORITÉ DES VOITURES POLLUENT L'AIR PARCE QU'ELLES UTILISENT EN GRANDE QUANTITÉ UN COMBUSTIBLE POLLUANT COMME L'ESSENCE : ENVIRON 6 LITRES POUR FAIRE 100 KILOMÈTRES.

UNE VOITURE ÉCOLO DOIT DONC ÊTRE MOINS GOURMANDE EN COMBUSTIBLE. POUR ÇA, ELLE DOIT ÊTRE PLUS LÉGÈRE ET PLUS AÉRODYNAMIQUE, C'EST-À-DIRE OFFRIR PEU DE RÉSISTANCE À L'AIR.

POUR QU'ELLE SOIT PLUS LÉGÈRE, ON L'ÉQUIPE, PAR EXEMPLE, DE SIÈGES REMPLIS DE BULLES D'AIR OU D'UN PARE-BRISE ULTRAFIN.

POUR QU'ELLE SOIT AÉRODYNAMIQUE, ON LUI DESSINE UNE SILHOUETTE FENDANT L'AIR, AVEC DES PNEUS TRÈS ÉTROITS, ET SANS LE MOINDRE ACCESSOIRE QUI DÉPASSE !

DES CONSTRUCTEURS SONT EN COURSE POUR FABRIQUER DES VOITURES COMME CELLE-CI. TU AS PEUT-ÊTRE ENTENDU PARLER DU MODÈLE *EOLAB*, DE RENAULT, QUI CONSOMME SEULEMENT 1 LITRE D'ESSENCE POUR FAIRE 100 KILOMÈTRES.

MA VOITURE EST MIEUX QUE LA TIENNE

TOUS CES MODÈLES SONT ENCORE À L'ESSAI, MAIS, QUAND TU AURAS 18 ANS, TU CONDUIRAS SANS DOUTE DES VOITURES DE CE TYPE.

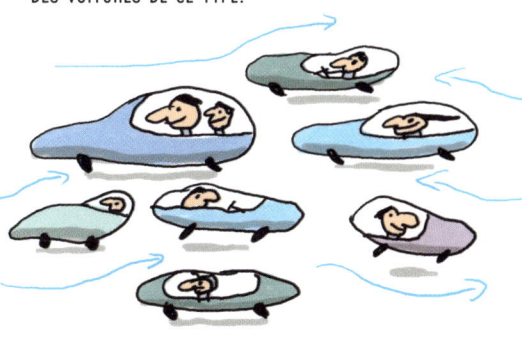

ET TES ENFANTS, EUX, EST-CE QU'ILS SAURONT ENCORE CONDUIRE ? CAR LES CONSTRUCTEURS RÉFLÉCHISSENT DÉJÀ À DES VOITURES QUI SE DÉPLACERONT SANS PILOTE.

BIP
BIP
BIP
BIP
BIP

MAIS, LÀ, IL RESTE BEAUCOUP À FAIRE POUR PASSER DU RÊVE À LA RÉALITÉ !

BIP
BIP
BIP

➕ **POUR EN SAVOIR PLUS**

• Comment se déplacer sans polluer ? p. 108

ELLE RESSEMBLERA À QUOI, LA VOITURE DE DEMAIN ?

113

LES GRANDS DÉFIS POUR LA PLANÈTE

# Pourquoi on ne donne plus de sacs plastique à la caisse ❓❓❓

Regarde bien, on donne encore des sacs plastique à la caisse ! Mais, depuis juillet 2016, un décret interdit la distribution de certains sacs plastique.

*1ᵉʳ juillet 2016*

Tu trouves encore les grands sacs dont se servent tes parents à chaque fois qu'ils font les courses...

... mais plus les petits, utilisés au rayon des fruits et légumes, chez le poissonnier, le boucher ou le fromager.

ALORS, POURQUOI ON INTERDIT CERTAINS SACS PLASTIQUE, ET PAS TOUS ?

EN FAIT, ON N'INTERDIT QUE LES SACS À USAGE UNIQUE, CAR UNE FOIS UTILISÉS ILS SONT JETÉS, ET BEAUCOUP SE RETROUVENT DANS LA NATURE, LA POLLUANT POUR TRÈS LONGTEMPS.

IL FAUT ENTRE 100 ET 400 ANS POUR QU'UN SAC PLASTIQUE SE DÉGRADE COMPLÈTEMENT.

ENTRE 100 ET 400 ANS

JUSQU'EN 2015, ON UTILISAIT ENCORE 17 MILLIARDS DE SACS PLASTIQUE CHAQUE ANNÉE EN FRANCE.

17 MILLIARDS DE SACS PLASTIQUE CHAQUE ANNÉE

ET 8 MILLIARDS D'ENTRE EUX ÉTAIENT ABANDONNÉS DANS LA NATURE !

8 MILLIARDS DE SACS DANS LA NATURE

LA PLUPART SE RETROUVENT DANS LES OCÉANS, ET CONTRIBUENT À FORMER CE QU'ON APPELLE DES « CONTINENTS DE PLASTIQUE » : D'IMMENSES PLAQUES DE DÉCHETS DÉRIVANT AU FIL DES COURANTS.

TERRE !
AH NON ! PLASTIQUE !

CES DÉCHETS SONT MANGÉS PAR LES OISEAUX, LES TORTUES ET BIEN SÛR LES POISSONS, LESQUELS FINISSENT DANS NOS ASSIETTES.

C'EST POUR FREINER CETTE POLLUTION GÉNÉRALISÉE QUE LE MINISTÈRE DE L'ÉCOLOGIE A DÉCIDÉ D'INTERDIRE L'UTILISATION DE CES SACS PLASTIQUE.

MINISTÈRE DE L'ÉCOLOGIE

INTERDIT

**POUR EN SAVOIR PLUS**
• C'est quoi, le septième continent ? p. 50

LA SOLUTION ? LES REMPLACER PAR D'AUTRES, FABRIQUÉS AVEC DES MATIÈRES VÉGÉTALES QUI NE POLLUENT PAS EN SE DÉGRADANT, L'AMIDON DE MAÏS PAR EXEMPLE.

SAC EN AMIDON DE MAÏS

MAIS IL FAUDRA ENCORE DES SIÈCLES POUR DÉBARRASSER LA NATURE DE TOUT LE PLASTIQUE QUI S'Y TROUVE ET QUI LA POLLUE.

PLUS QUE 300 ANS

# C'EST QUOI, LA CONFÉRENCE INTERNATIONALE DES JEUNES POUR LE CLIMAT ???

DU 26 AU 28 NOVEMBRE 2015, PLUS DE 5 000 JEUNES SE SONT RETROUVÉS EN RÉGION PARISIENNE POUR PROPOSER LEURS SOLUTIONS POUR LE CLIMAT.

NOS SOLUTIONS POUR LE CLIMAT

LES PARTICIPANTS ÂGÉS DE 15 À 25 ANS VENAIENT DES QUATRE COINS DU MONDE POUR CET ÉVÈNEMENT, APPELÉ « COY 11 ».

COY 11 CONFERENCE OF YOUTH

LA COY 11 S'EST DÉROULÉE EN MÊME TEMPS DANS 7 AUTRES GRANDES VILLES DU MONDE POUR QUE PLUS DE JEUNES PUISSENT Y PARTICIPER.

NOUMÉA — FLORIANÓPOLIS — MONTRÉAL — AHMEDABAD — RABAT — ANTANANARIVO — ABOMEY-CALAVI — TOKYO

LE BUT : AIDER LA NOUVELLE GÉNÉRATION À BÂTIR DES PROJETS ÉCOLOGIQUES GRÂCE À DES CONFÉRENCES ET DES ATELIERS.

MAIS POURQUOI CRÉER UNE CONFÉRENCE SPÉCIALE POUR LES JEUNES ?

PARCE QU'ILS SERONT LES PLUS CONCERNÉS PAR LE CHANGEMENT CLIMATIQUE. CE SONT EUX QUI VERRONT LES RÉSULTATS DES ACTIONS MISES EN PLACE AUJOURD'HUI.

ET, EN 2050, CERTAINS DE CES JEUNES SERONT LES DIRIGEANTS DE NOTRE MONDE.

C'EST POUR ÇA QU'UN TEL ÉVÈNEMENT EST ORGANISÉ. POUR QUE LES MOINS DE 25 ANS PARTICIPENT ET SOIENT SENSIBILISÉS AUX PROBLÈMES ÉCOLOGIQUES.

ET ILS LE SONT DÉJÀ. LA PLUPART DES JEUNES SONT ALARMÉS PAR L'AVENIR DE LA PLANÈTE ET SOUHAITENT AGIR POUR SA PROTECTION.

QUAND ON LEUR DONNE LA PAROLE, LEURS PROPOSITIONS SONT TOUT AUSSI INTÉRESSANTES QUE CELLES DES ADULTES.

PAR EXEMPLE, UN COLLÈGE DE DOUAI, DANS LE NORD, PROPOSE AUX SUPERMARCHÉS DE RÉSERVER UN ÉTAL AUX FRUITS ET LÉGUMES LOCAUX.

OU UN INVENTEUR DE 21 ANS, BOYAN SLAT, A IMAGINÉ UN SYSTÈME EFFICACE POUR NETTOYER LES OCÉANS DE LA POLLUTION PLASTIQUE !

TOUS LES JEUNES ONT LEUR MOT À DIRE POUR LUTTER CONTRE LE RÉCHAUFFEMENT CLIMATIQUE. CAR C'EST À EUX D'INVENTER LA VIE DE DEMAIN.

# LES MOTS DE L'ÉCOLOGIE

## A

### AGRICULTURE BIOLOGIQUE
Manière de cultiver des plantes ou d'élever des animaux sans utiliser de produits chimiques ou d'hormones de croissance. Le logo « AB » garantit des conditions de culture non polluantes.

### AIR
L'air est une des sources de la vie sur Terre avec l'eau. Il est composé de nombreux gaz, dont le plus important est l'oxygène, qui nous permet de respirer. Les activités humaines rejettent des gaz dans l'atmosphère et produisent des poussières minuscules. C'est la « pollution atmosphérique ».

## B

### BIODIVERSITÉ
C'est la variété des formes du vivant : depuis les bactéries invisibles jusqu'à la baleine ou à l'éléphant. Tous ces êtres vivants sont reliés.

## C

### CHAÎNE ALIMENTAIRE
Chaque être vivant se nourrit d'un autre et peut être mangé par un prédateur. Toutes les espèces sont reliées. Perturber cette chaîne alimentaire conduit à des déséquilibres néfastes pour l'homme.

### CLIMAT
Le climat dépend du relief et de la proximité des océans. Il se définit par les moyennes de températures, d'ensoleillement, de pluie et de vent, que l'on mesure sur de longues périodes. Le climat de la Terre a connu des périodes froides et des périodes plus chaudes. Actuellement, nous vivons une période de réchauffement.

### $CO_2$
Dioxyde de carbone, ou gaz carbonique. Gaz composé d'un atome de carbone (C) et de deux atomes d'oxygène (O). Quand il y a trop de gaz carbonique, ça accroît l'effet de serre.

### COMMERCE ÉQUITABLE
Ce que nous achetons au supermarché a des conséquences pour la planète. Le commerce dit « équitable » recherche une plus juste rémunération des paysans les plus pauvres.

### COUCHE D'OZONE
Cette couche est présente dans la haute atmosphère (entre 20 et 50 kilomètres au-dessus de la Terre) et protège les hommes, les animaux et les espèces végétales des rayons ultraviolets du soleil.

## D

### DÉCHETS
Les déchets organiques, comme les épluchures de fruits ou les branches, disparaissent en pourrissant. La production industrielle et la surconsommation génèrent de nombreux déchets, qu'il est difficile d'éliminer. C'est pourquoi, aujourd'hui, il est indispensable de recycler les déchets, c'est-à-dire de les réutiliser autrement.

## DÉFORESTATION

C'est la coupe des arbres qui entraîne la destruction d'une forêt. Dans certaines zones de la planète, la déforestation conduit à la stérilisation des terres, qui ne peuvent plus produire, et à la désertification.

## DÉVELOPPEMENT DURABLE

Il s'agit de répondre aux besoins de l'humanité (nourriture, énergie…) en faisant attention à ne pas polluer l'air, l'eau et les sols, et sans surexploiter les ressources naturelles (forêts, énergies fossiles, matières premières…).

# E

## EAU

Même si la Terre est surnommée la « planète bleue », l'eau est une ressource rare. L'eau douce ne représente que 1 % de la surface terrestre. Indispensable aux activités humaines, l'eau doit donc être économisée. Dans les pays développés, les eaux usées (toilettes, douche, vaisselle) sont traitées dans les stations d'épuration, avant d'être rejetées dans la nature.

## ÉCONOMIES D'ÉNERGIE

Les ressources de la Terre (pétrole, charbon, gaz naturel) sont limitées. Économiser les énergies est très important afin de préserver le climat et de garantir des ressources pour les générations futures.

## EFFET DE SERRE

C'est un mécanisme de réchauffement qui conserve la chaleur du soleil. L'atmosphère, qui enveloppe la Terre, la réchauffe et permet d'éviter de trop grandes variations de températures. Mais, sous l'effet des activités humaines, certains gaz sont rejetés dans l'atmosphère et accentuent l'effet de serre naturel, réchauffant alors les températures.

## EMPREINTE ÉCOLOGIQUE

Sert à mesurer l'impact d'un être humain sur la planète pour satisfaire ses besoins en alimentation, en eau, en énergie… Ainsi, l'empreinte écologique d'un Américain est de 9,5 hectares, quand celle d'un Africain est de 1,1 hectare.

## ÉNERGIES FOSSILES

Ce sont les ressources qui proviennent de la décomposition des matières vivantes, comme le pétrole, le charbon et le gaz naturel. On les appelle « fossiles » parce qu'elles sont extrêmement anciennes et non renouvelables à l'échelle humaine. Ce sont des ressources dites « épuisables ». Si on les exploite trop, les générations futures n'en auront plus.

## ÉNERGIES RENOUVELABLES

Contrairement aux énergies fossiles, les énergies renouvelables sont inépuisables. Elles sont fournies par le soleil, le vent ou les mouvements des eaux.

## ESPÈCES PROTÉGÉES

Les animaux sont menacés par la chasse, l'urbanisation, la pollution. Pour protéger les espèces menacées, il faut d'abord protéger leur milieu de vie, que ce soit la forêt, l'océan, le désert, la prairie ou la montagne. C'est pourquoi des réserves naturelles ont été créées un peu partout dans le monde. En France, on en compte 342.

# G

## GASPILLAGE ALIMENTAIRE

Chaque Français jette en moyenne 20 kilos de nourriture par an. Ce gaspillage coûte cher aux familles et à la planète. Car la nourriture gaspillée a d'abord été produite avec de l'eau, des engrais et des pesticides.

## GAZ DE SCHISTE

C'est un gaz qui est « piégé » dans l'argile où il s'est formé. Pour l'extraire, il faut forer de nombreux puits et fracturer la roche. Une technique très polluante qui est interdite en France.

## GLACIERS ET GLACE POLAIRE

Le réchauffement climatique entraîne la fonte des glaciers. La glace transformée en eau se retrouve dans les mers et les océans, faisant ainsi monter leur niveau.

# N

## NAPPE PHRÉATIQUE

La pluie qui tombe s'infiltre dans le sol, formant des réserves d'eau douce souterraines. Ces réserves se constituent s'il pleut suffisamment. On peut les utiliser pour produire de l'eau potable ou pour arroser les exploitations agricoles. À condition, bien sûr, qu'elles ne soient pas polluées.

# O

## OCÉANS ET MERS

Ils recouvrent 70 % de la planète. Si leur biodiversité est encore mal connue, notamment dans les zones de pleine mer, les océans jouent un rôle capital dans l'équilibre de la planète. Malheureusement, ils sont victimes de la pollution : marées noires, mais aussi pollutions terrestres avec les rejets d'engrais, de pesticides...

## OGM

Les organismes génétiquement modifiés sont des bactéries, des plantes ou des animaux dont le patrimoine génétique a été modifié par l'homme pour créer de nouvelles espèces.

## ORGANISATION MONDIALE DE LA SANTÉ

Institution spécialisée de l'Organisation des Nations unies, créée en 1948, et dont le but est d'amener tous les peuples du monde à un niveau de santé le plus élevé possible.

# P

## PANNEAUX SOLAIRES

Dispositif qui permet d'obtenir de l'électricité ou de l'eau chaude grâce à l'énergie du soleil.

## PESTICIDES

Les pesticides sont des produits chimiques utilisés par les agriculteurs pour lutter contre les mauvaises herbes, les parasites et les insectes. Le problème est que les pesticides sont très polluants et se retrouvent dans les sols et les eaux des rivières, des fleuves et des océans. Ils sont aussi dangereux pour les agriculteurs et pour les consommateurs.

## PÉTROLE

Le pétrole est le fruit de composés organiques. Il est à la base de l'économie industrielle, car, en brûlant, il dégage de l'énergie. Le pétrole fournit des carburants pour les voitures, mais est utilisé aussi dans la fabrication de plastiques, d'engrais... Le pétrole émet beaucoup de $CO_2$ en brûlant et contribue au réchauffement climatique.

## PLANCTON

C'est le premier maillon de la chaîne alimentaire. Le plancton est composé de minuscules végétaux et d'animaux microscopiques. Il se trouve en suspension dans les mers et les océans.

## POLLINISATION

En volant d'une fleur à l'autre pour se nourrir, les insectes transportent du pollen, qui permet aux plantes à fleurs de se reproduire. Malheureusement, ces insectes, très utiles, sont victimes des pesticides.

## POLLUTION

Fait d'abîmer l'environnement, la terre, l'air ou la mer.

# R

## RÉCHAUFFEMENT CLIMATIQUE

Phénomène actuel de montée des températures sur la planète.

## RESSOURCES NATURELLES

Eau, bois, charbon, pétrole, métaux... Les ressources naturelles sont les éléments que l'homme extrait de la nature pour produire des biens de consommation (vêtements, aliments, ordinateurs...) ou de l'énergie.

# S

## SÉLECTION NATURELLE

Pour le naturaliste Charles Darwin, auteur du livre *L'Origine des espèces*, les nouvelles espèces descendent d'espèces ancestrales qui se sont modifiées. Cette évolution se fait par la sélection naturelle, qui favorise les êtres les plus adaptés à leur environnement.

# T

## TRANSITION ÉNERGÉTIQUE

C'est le passage vers une nouvelle façon de produire de l'énergie en utilisant les énergies renouvelables (vent, soleil...), qui sont illimitées, plutôt que les énergies fossiles (pétrole, charbon, gaz), qui, elles, sont limitées.

## TRI ET RECYCLAGE

Pour limiter la pollution, une des actions les plus évidentes est de réutiliser nos déchets en les triant d'abord, puis en les recyclant. D'où l'intérêt de faire du compost avec les épluchures de légumes, de jeter le papier dans une corbeille uniquement destinée au papier...

# U

## UNION INTERNATIONALE POUR LA CONSERVATION DE LA NATURE

Organisation qui veille à la biodiversité et à la conservation de la nature dans le monde. L'UICN a notamment établi une liste rouge des espèces menacées sur la planète.

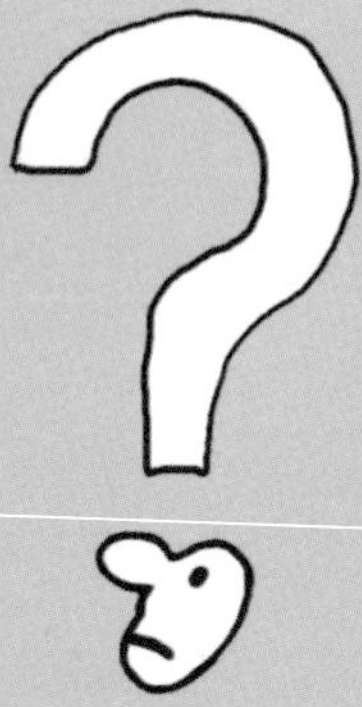

Tous les jours sur France 4 et sur 1jour1actu.com

# 1jour 1question

Les infos animées qui répondent aux questions d'actu des enfants

➔ **Ce livre reprend des épisodes de la série animée *1 jour 1 question*, diffusée quotidiennement sur**

4 — 1jour1actu — **francetvéducation** cultiver l'envie d'apprendre

## D'AUTRES MÉDIAS POUR DÉCRYPTER L'ACTUALITÉ

**l'hebdo** — 40 Nos/AN

**+**

**le site Web** — 1 ACTU/JOUR

1jour1actu.com

**+**

**l'e-mag** — 40 Nos/AN

⬇ dans la boîte aux lettres chaque vendredi

⬇ des actus et des reportages inédits...

⬇ la version numérique de l'hebdo à lire sur tablette ou smartphone !